DAS ÖSTERREICHISCHE LEBENSMITTELBUCH
CODEX ALIMENTARIUS AUSTRIACUS

II. Auflage

Herausgegeben vom Bundesministerium für soziale Verwaltung, Volksgesundheitsamt, im Einvernehmen mit der Kommission zur Herausgabe des Codex alimentarius Austriacus

Vorsitzender: o. ö. Prof. Dr. Franz Zaribnicky

XLII.-XLIII. HEFT

KÄSE

REFERENTEN: ING. **HUGO BURTSCHER** UND
HOFRAT PROF. I. P. DR. **WILLIBALD WINKLER**

MARGARINKÄSE

Springer-Verlag Berlin Heidelberg GmbH 1933

ISBN 978-3-662-42887-0   ISBN 978-3-662-43173-3 (eBook)
DOI 10.1007/978-3-662-43173-3

Ausgegeben im Oktober 1933

DAS ÖSTERREICHISCHE LEBENSMITTELBUCH
CODEX ALIMENTARIUS AUSTRIACUS

II. Auflage

Herausgegeben vom Bundesministerium für soziale Verwaltung, Volksgesundheitsamt, im Einvernehmen mit der Kommission zur Herausgabe des österreichischen Lebensmittelbuches

Vorsitzender: o. ö. Prof. Dr. Franz Zaribnicky

XLII.
Käse

Referenten: Ing. *Hugo Burtscher* (Leiter der Käsereischule *Rotholz*) und Hofrat Prof. i. P. Dr. *Willibald Winkler*

Der Verkehr mit Käse und Margarinkäse unterliegt aus dem Gesichtspunkte der Lebensmittelkontrolle den allgemeinen, den Lebensmittelverkehr regelnden Vorschriften. Von diesen kommen insbesondere in Betracht:

1. Das Gesetz vom 16. Jänner 1896, RGBl. Nr. 89 vom Jahre 1897 („Lebensmittelgesetz");

2. die Ministerialverordnung vom 13. Oktober 1897, RGBl. Nr. 235, womit Bestimmungen über die Erzeugung oder Zurichtung von Eß- und Trinkgeschirren, dann Geschirren und Geräten, die zur Aufbewahrung von Lebensmitteln oder zur Verwendung bei denselben bestimmt sind, sowie über den Verkehr mit denselben erlassen werden;

3. die Ministerialverordnung vom 17. Juli 1906, RGBl. Nr. 142, über die Verwendung von Farben und gesundheitsschädlichen Stoffen bei Erzeugung von Lebensmitteln (Nahrungs- und Genußmitteln) und Gebrauchsgegenständen, sowie über den Verkehr mit derart hergestellten Lebensmitteln und Gebrauchsgegenständen;

4. die Ministerialverordnung vom 10. November 1928, BGBl. Nr. 321, womit die unter Punkt 2 und 3 genannten Verordnungen abgeändert bzw. ergänzt werden.

Auf den Verkehr mit Käse nimmt ferner auch das Gesetz vom 6. August 1909, RGBl. Nr. 177, betr. die Abwehr und Tilgung von Tierseuchen insoferne Einfluß, als es die Herstellung und den Verkauf von Molkereierzeugnissen aus der Milch erkrankter (gefährdeter) Tiere bei Auftreten bestimmter Tierseuchen für unzulässig erklärt. (Vergleiche insbesondere die §§ 31, 33 und 46 dieses Gesetzes.)

Margarinkäse unterliegt überdies noch den für Margarine geltenden Vorschriften, d. i. das „Margaringesetz" vom 25. Oktober 1901, RGBl. Nr. 26 vom Jahre 1902, betr. den Verkehr mit

Butter, Käse, Butterschmalz, Schweineschmalz und deren Ersatzmitteln, sowie den auf Grund dieses Gesetzes erlassenen Durchführungsverordnungen (s. Heft XI und XII, S. 53 ff.).

1. Beschreibung

Käse ist der durch Lab oder natürliche wie auch künstliche Säuerung aus Milch, Rahm, Magermilch, Molke oder Buttermilch oder aus Gemengen dieser Flüssigkeiten ausgeschiedene Käsestoff, der den größten Teil des Fettes sowie kleine Mengen der übrigen Milchbestandteile eingeschlossen hält, meist geformt, gesalzen, gepreßt oder nicht gepreßt, auch mit Gewürzen versetzt wird und frisch oder auf verschiedenen Stufen der Reifung und für den menschlichen Genuß bestimmt in Verkehr gesetzt wird.[1]

Die Säure wird hiebei immer durch Bakterien aus dem Milchzucker gebildet, und zwar entweder unmittelbar in der zu verkäsenden Flüssigkeit durch Stehenlassen bei entsprechenden Temperaturen (Selbstsäuerung) oder in Milch oder milchzuckerhaltigen Milchprodukten, wie Magermilch oder Molke, denen behufs Einleitung des Säuerungsvorganges Bakterien- (Rein-) Kulturen einverleibt und die dann in gesäuertem Zustande der zu verkäsenden Flüssigkeit zugesetzt werden. Die Ausscheidung des Käsestoffes durch Säure erfolgt in der Weise, daß die Säure das Kalzium des Käsestoffes (nach *van Slyke* und *Hart*[2]) 1,07%) an sich bindet, während das so freigewordene Kasein, als wasserunlösliches Nukleoalbumin, sich ausscheidet. In der Käsereipraxis wird dieses als Quark oder Topfen bezeichnet und bildet das Rohprodukt der Quark- oder Sauermilchkäse. Die vom Säurekoagulum eingeschlossene, nach längerem Stehen oder bei Zerkleinerung des Gerinnsels austretende, fast klare, grüngelbe Flüssigkeit wird als Milchserum oder als Säure- (Quark-) Molke bezeichnet.

Als Lab bezeichnet man in der Käsereipraxis eine Lösung des Labfermentes des Kälbermagens, des Chymosins. Diese Lösung gelangt entweder in Form eines technisch hergestellten, flüssigen, gebrauchsfertigen oder noch zu verdünnenden Labextraktes oder als Auflösung technisch hergestellter Labpulver oder Labtabletten in Wasser oder in einer Aufschwemmung von Käsereifungsbakterien zur Anwendung. Naturlab, zu gleichem Zwecke verwendet und in Vorarlberg „Renne", in Tirol „Boaz" (Beize) genannt, ist ein Labextrakt aus getrockneten, auch mit Kochsalz konservierten Kälbermagen mit Fettmolke, Magermolke oder Schotte (S. 4). In diesen Flüssigkeiten wird der Kälbermagen während 12 bis 24, in seltenen Fällen bis zu 36 Stunden bei einer Temperatur von 30 bis 45 Grad Celsius extrahiert, wobei sich sowohl

---
[1] Die mittlere Zusammensetzung von Käsen betreffend s. Tabelle S. 47.
[2] New-York Exper. Station, Bull. 231, 1905.

die Bakterien des Lösungsmittels als auch die des Kälbermagens vermehren. Um die sich anreichernde Bakterienflora im Sinne der normalen Käsereifung günstig zu beeinflussen, werden diesem Naturlabansatz Reinkulturen, bzw. Mischkulturen von Säurebildnern und Reifungsbakterien oder auch Säuregemische zugesetzt. Vor der Verwendung des Naturlabes wird dieses von den aufgeweichten extrahierten Kälbermagen abfiltriert. Bei Verwendung technischer Labpräparate und deren wässeriger Lösungen wird der zu verkäsenden Milch am besten eine Reinkultur von Käsereifungsbakterien zugesetzt, notwendigerweise dann, wenn die zu verkäsende Milch vorher pasteurisiert wurde.

A. Die Gewinnung des Käsestoffes

Die Ausscheidung des Käsestoffes durch Lab ist die Folge eines fermentativen Verdauungsvorganges, bei welchem nach *Hammarsten*[1]) der Käsestoff im ungefähren, jedoch schwankenden Verhältnis von 95:5 in Parakaseinkalk (Dikalzium-Parakaseinat) und Molkenprotein gespalten wird. Die Labgerinnung ist hierbei abhängig von der Temperatur der Milch (Optimum bei 39 bis 46⁰ C), vom Säuregrad (Wasserstoffionenkonzentration $p_H = 6{,}0$ bis $6{,}4$) und vom Gehalt der Milch an löslichem Kalzium, welch letztere Faktoren zueinander wieder in Wechselbeziehung (s. S. 5) stehen. Während das Molkenprotein als lösliche Albumose in der Molke gelöst zurückbleibt, fällt der unlösliche Parakaseinkalk zusammen mit dem ebenfalls ausgeschiedenen, unlöslichen bzw. kolloiden phosphorsauren Kalk als porzellanartige, alle Milchbestandteile einhüllende Masse aus. Dieses Koagulum bezeichnet man nach *Fleischmann* als „Rohkäse", in der Käserei als „Dickete"; es ist das Rohprodukt für die Lab- oder Süßmilchkäse. Der Säure-(Quark-)Molke entsprechend, entsteht bei der Labgerinnung die grünlichgelbe, trübe Labmolke, kurz Molke oder Käsewasser, auch „Sirte" genannt.

An Eiweißstoffen enthält die Säuremolke das Laktalbumin und Laktoglobulin, während das Käsewasser außerdem noch das lösliche Spaltprodukt der Labgerinnung, das Molkenprotein enthält. Die Gewinnung der Eiweißstoffe aus Säuremolke wird praktisch so gut wie nicht gehandhabt, wohl aber aus der Labmolke in gewissen Gebieten der Emmentalerkäserei. Sie erfolgt in zwei Stufen und umfaßt das „Vorbrechen" oder „Retzeln" und das „Scheiden", auch „Schotten", „Absieden" oder „Zigern" genannt. Das Vorbrechen oder Retzeln besteht darin, daß die Molke mittels stark gesäuerter Molke (Sauer) von 40 bis 60 Säuregraden (nach *Soxhlet-Henkel*) angesäuert (Ausflockungsoptimum bei $p_H = 5{,}35$) und dann erhitzt wird. Bei 83⁰ C

---

[1]) *Malys* Jahresbericht, 1874, 135 u. 1875, 158.

beginnt eine feinflockige Ausscheidung, die von *Allemann* und *Müller*[1]) als Laktoglobulin erkannt wurde und fast alles in der Molke noch enthaltene Fett einschließt. Wärmeströmungen und spezifisches Gewicht des Fettes verursachen das Emporsteigen der fettreichen Ausflockung, die an der Oberfläche der Molke als weißliche, schaumartige Masse, Vorbruch oder Retzel genannt, abgeschöpft und nach 12- bis 24-stündigem Stehen (Reifung) verbuttert wird. Während des Vorbruch-Abschöpfens wird die Temperatur der Molke allmählich auf Siedehitze gebracht und in diesem Stadium wird sie mit 4 bis 6% des gleichen „Sauers" wie beim Vorbrechen versetzt (Ausflockungsoptimum $p_H = 4{,}70$). Das „Molkeneiweiß", bestehend aus Laktalbumin, Molkenprotein und Resten des Käsestoffes („Käsestaub") fällt großflockig aus und wird durch die Wärmeströmung an die Flüssigkeitsoberfläche getrieben. Diese Ausfällung, nach welcher die Molke zur klaren, grüngelblich gefärbten Schotte mit einem Säuregrad von 8 bis 8,5° *S. H.* geworden ist, wird Ziger genannt. Im Ziger der Quark- oder Säuremolke fehlt das Molkenprotein, dafür enthält er etwas mehr Kasein. Der vorerwähnte Sauer entsteht aus klarer Schotte, die in Holzbottichen bei Temperaturen von 30 bis 55° C eine freiwillige Milchsäuregärung durchmacht. Ist kein Sauer vorhanden oder ist dieser durch Fehlgärung unbrauchbar geworden, so wird anstatt Sauer in der Regel verdünnter Essigsprit, in früheren Zeiten auch verdünnte Schwefelsäure („Vitriol"), verwendet. Aus der klaren Schotte wurde in früheren Zeiten, heute nur mehr selten, durch Eindampfen roher Milchzucker (Schottenzieg, Schottengsieg, in Skandinavien Mysost) gewonnen. In neuerer Zeit wird die Fettmolke immer seltener vorgebrochen und geschieden, hingegen meist zentrifugiert.

B. Die Reifung des Käsestoffes

Bei der meist folgenden Lagerung erfahren alle Käsesorten infolge der Tätigkeit charakteristischer Mikroorganismen Umwandlungen, die um so tiefgreifender sind, je länger die Lagerung dauert. Dieser Umwandlungsprozeß der Käsemasse wird Reifung genannt. Der Reifungsprozeß ist für die verschiedenen Gruppen von Käsesorten charakteristisch und wird durch Temperatur und Feuchtigkeit des Lagerraumes, durch Salzgaben, in manchen Fällen auch durch Gewürze beeinflußt. Durch die Reifung bekommen die Käse den für sie jeweils charakteristischen Geruch und Geschmack. In der Hauptsache lassen sich beim Reifungsvorgang der Laibkäse folgende Phasen unterscheiden:

I. Die Vorstufen der Reifung

1. Eine gelinde Peptonisierung (Proteolyse) der Milch in den Gefäßen, in denen sie vor der Verkäsung aufgestellt wird, oder im Käsekessel

---
[1]) Milchw. Ztlbl. 1913, 42, 225.

und im ganz frisch geformten Bruch durch säure- und labbildende Kokken, die schon im Euter in die Milch übergehen, also auch in ganz rein gewonnener Milch vorhanden sind.

2. Das Überwuchern dieser Kokken durch gewöhnliche Milchsäurebakterien (Streptococcus lactis, Bacterium *Güntheri*), ferner langstäbchenförmige Milchsäurebakterien, Milchsäurekokken und Milchsäurekurzstäbchen. Diese bilden aus Milchzucker Milchsäure, und dadurch erfüllen sie zwei Aufgaben:

a) sie verdrängen die säureempfindlichen, Eiweiß meist unter alkalischer Reaktion zersetzenden Bakterienarten, fördern säurebildende und zugleich Eiweiß abbauende Kokken, sowie säureliebende Hefen und Myzelpilze und regulieren so die Käsereifungsflora;

b) sie bewirken durch die gebildete Säure eine Umwandlung des Dikalzium-Parakaseinates (Labgerinnsel) vor allem in Monokalziumparakaseinat; gleichzeitig tritt das Natrium des dem Käse einverleibten Kochsalzes an Stelle des Kalziums, so daß Natriumparakaseinat entsteht, wodurch sich ein ganz leichter Quellungszustand ergibt, der sich im Weich- und Plastischwerden des reifenden Käses bemerkbar macht.

Nach *Grimmer*[1]) ist der Milchzucker in den meisten Labkäsen schon nach 2 bis 6 Tagen verschwunden, jedoch findet sich freie Milchsäure nur im Sauermilchquark und im Bruch von Weichkäsen, sowie bei topfigen oder kreidigen Hartkäsen vor. Sonst wird die gebildete Milchsäure durch den Kalk des Käsestoffes und des sekundären Kalziumphosphates gebunden. Das so entstandene Kalziumlaktat wird von Bakterien weiter verbraucht und verschwindet.

3. Die Lochbildung des Käses findet zum Teil in der Vorstufe der Reifung, zum Teil während der Hauptreifung des Käses statt. Die Löcher oder Augen sind mit Gasen gefüllt, die von Bakterien bei frühzeitiger Lochung aus Milchzucker, bei späterer Lochbildung — wie sie normal bei den meisten Hartkäsen eintritt — aus Laktaten erzeugt werden. Das Gas besteht zum größten Teil aus Kohlendioxyd, zum kleineren Teil aus Stickstoff, von dem angenommen wird, daß er aus der Luft stammt, und — bei frühzeitiger Lochbildung durch Milchzuckervergärung — aus Wasserstoff. Eiweißzersetzung hat wahrscheinlich an der Lochbildung keinen Anteil. Die Lochbildung durch die in der Käsemasse erzeugten Gase vollzieht sich nach *Clark*[2]) bei Hartkäsen von Emmentalerart nach physikalischen Gesetzen, ähnlich wie die Kristallbildung in gesättigten Lösungen, normalerweise zwischen und nicht in den Bruchkörnern. Je rascher die Gasbildung und je mehr Lufteinschluß zwischen den Bruchkörnern, um so mehr Augen. Daher haben kleinere Käse mehr Löcher und vielfach Bruchlöcher anstatt runde, glatte Gärlöcher.

---

[1]) Hdb. der Milchwirtschaft, II, 2, 237.
[2]) Ztlbl. f. Bakt., II. Abt., 1917, 47, 230.

II. Die Hauptreifung

Während der Hauptreifung findet eine tiefergreifende, mit der Bildung des für den betreffenden Käse eigentümlichen Geruches und Geschmackes verbundene Umsetzung der Käsemasse durch Mikroorganismen statt. Am besten sind die Verhältnisse bei Emmentalerkäse studiert. Seine wichtigsten Reifungserreger in diesem Stadium sind die Milchsäurelangstäbchen, Bacterium casei alpha bis epsilon, insbesondere alpha, delta und epsilon. Diese bilden innerhalb gewisser Säurekonzentrationen aus Eiweißstoffen Albumosen, Peptone, Aminosäuren und Ammoniak. Die Säurekonzentration wird durch das Parakasein und das daraus entstehende Pepton, insbesondere aber auch durch alkalibildende Bakterien reguliert. Gleichzeitig findet eine Fettspaltung statt und die hiebei entstehenden flüchtigen Fettsäuren sind in Verbindung mit den Aminosäuren und dem Ammoniak mitbestimmend für den Geschmack des fertigen Käses. Die Milchsäurelangstäbchen spielen auch bei der Reifung anderer Hartkäse, z. B. der Chester- und Cheddarkäse, eine wichtige Rolle. Sie werden in ihrer Wirkung durch proteolytische Kokken, acidoproteolytische Bakterien und vielleicht auch sporenbildende proteolytische Bakterien unterstützt. Nach dem Absterben aller dieser Bakterien wirken ihre Enzyme noch lange reifend nach.

Weichkäse und Sauermilchkäse reifen zum Unterschied von den harten Labkäsen nicht durch die ganze Käsemasse mehr oder weniger gleichmäßig, sondern von außen nach innen. Maßgebend hiefür ist die zu Beginn der Reifung im Käse enthaltene oder gebildete Säuremenge. Ist diese infolge des hohen Molkengehaltes groß (Weichkäse), so wird aus dem Dikalzium-Parakaseinat nicht nur Monokalzium-Parakaseinat, sondern reines Parakasein, vielleicht auch Parakaseinlaktat gebildet, die in Salzlösung nicht quellbar sind, daher nicht plastisch werden, sondern kreidig bleiben. Bei den Sauermilchkäsen ist dem Käsestoff schon in der Milch das Kalzium entzogen worden, wobei das Kasein ausgefallen ist. In beiden Fällen muß daher von außen her die Säure verzehrt werden, also eine Neutralisierung erfolgen, was durch Schimmelpilze wie Penicillien, Oidien sowie Hefen und Mykodermen besorgt wird, worauf verflüssigende Kokken und andere peptonisierende Bakterien (z. B. Bacterium linens, Mikrococcus casei liquefaciens) und gewisse Mykodermen (Mykoderma casei) die eigentliche Reifung durchführen und das Speckigwerden der Weich- und Sauermilchkäse sowie die Bildung größerer Mengen Ammoniakstickstoff als bei Hartkäsen verursachen.

Als Umwandlungsprodukte der ursprünglichen Dikalzium-Parakaseinverbindung sind mit fortschreitender Reifung hauptsächlich gefunden worden:

a) Monokalzium-Parakaseinat (in 5-prozentiger Salzlösung bei 60°C löslich) bzw. Parakasein; b) Kaseoglutin, über dessen Natur noch keine völlige Klarheit herrscht.[1]) Es ist in 60- bis 70-prozentigem Alkohol löslich; c) Albumosen und Peptone als wasserlösliche Abbauprodukte; d) Aminoverbindungen (als geschmack- und geruchserzeugende Abbauprodukte) wie: Phenylalanin, Alanin, Glykokoll, Asparaginsäure, Pyrrolidinkarbonsäure, Tryptophan, Leucin, Tyrosin (in den „Augen" und im Teig alten Emmentalerkäses als weiße Körnchen ausgeschieden, „Salzsteine" genannt), Glutaminsäure, Lysin, Histidin; e) Fäulnisbasen: Trimethylamin, Putrescin, Cadaverin, Guanidin, Cholin, seltener Indol und Skatol, endlich f) Ammoniak. An flüchtigen Fettsäuren, die durch Spaltung des Fettes, des Kaseins, des Milchzuckers und auch der Milchsäure entstehen, kommen vor: Capronsäure, die den typischen Käsegeruch bedingt, Buttersäure (für Roquefort, Backsteinkäse und Sauermilchkäse charakteristisch), Propionsäure, Essigsäure, Valeriansäure und Spuren von Ameisensäure. Auch kleine Mengen verschiedener Alkohole wurden nachgewiesen.

Gruppe	Name des Käses	Stickstoff in Prozenten des Gesamtstickstoffes			
		N_M	N_W	N_P	N_A
Ungereifte Käse	Cremekäse	3,9	3,0	2,0	0,0
	Gervais	4,2	3,2	2,6	0,0
	Imperial	—	—	9,6	0,0
Gereifte Käse	Backsteinkäse, fett	—	98,1	18,5	12,0
	Bierkäse	26,9	37,8	16,3	—
	Brinsen	13,0	21,8	12,1	—
	Camembert	—	95,0	86,7	7,3
	Dessertkäse	32,6	40,7	30,6	—
	Edamer	25,2	26,0	23,9	0,6
	Emmentaler	30,4	34,2	18,3	2,0
	Frühstückskäse	30,7	—	20,7	—
	Gorgonzola	—	62,0	43,0	9,0
	Groyer	—	38,2	20,6	3,0
	Mondseer	—	—	10,7	—
	Parmesan	30,8	31,5	30,3	3,7
	Quargel	—	93,0	81,0	3,6
	Romadur	—	—	47,0	—
	Roquefort	—	52,5	28,9	5,0
	Tilsiter	—	23,0	6,0	1,7

Die Menge des Stickstoffes in Form wasserlöslicher, durch Phosphorwolframsäure nicht fällbarer Zersetzungsprodukte und in Form von

---

[1]) *Bleyer* und *Mayer*, Milchwirtsch. Forschungen 1926, 3, 285 und *Grimmer* und *Schützler*, Milchwirtsch. Forschungen 1926, 3, 495.

Ammoniak im Verhältnis zum Gesamtstickstoff gibt einen ungefähren Anhaltspunkt für den Grad der Reifung.

Bei reifen Weichkäsen überwiegen die löslichen Stickstoffverbindungen und machen bis zu 90% der Gesamtstickstoffsubstanz aus, bei Hartkäsen überwiegen die Zersetzungsprodukte. *Bondczynski* bezeichnet den prozentischen Anteil der löslichen Stickstoffsubstanzen als „Umfang", die prozentische Menge der Zersetzungsprodukte als „Tiefe" der Reifung. Die Weichkäse sind somit durch einen größeren „Umfang", die Hartkäse durch eine größere „Tiefe" der Reifung gekennzeichnet. Von bedeutendem Einfluß ist hier der Wassergehalt des frischen Käses, da er die Löslichmachung der Eiweißsubstanzen unterstützt, einen größeren Gehalt an Milchzucker und dadurch die Bildung einer größeren Menge von Milchsäure bedingt.

Über die Reifungsveränderungen und die Art der Stickstoffverbindungen [in Methylalkohol löslich (N_M), in Wasser löslich (N_W), mit Phosphorwolframsäure nicht fällbar (N_P), Ammoniak (N_A)] gibt vorstehende Übersicht einige Anhaltspunkte.

Einteilung der Käse

a) Nach der Art der **Milchgerinnung** (Eiweißausscheidung): in Labkäse und Sauermilch- (Quark-) Käse;

b) nach dem **Wassergehalt** (Konsistenz): in Hartkäse mit etwa 30 bis 40% Wasser und in Weichkäse mit 40 bis 60% und mehr Wasser. Der Wassergehalt darf folgende Höchstwerte nicht übersteigen:

Brinsen, Delikatesse-	50	Prozent
Brinsen, gewöhnlich	56	„
Brinsen, Misch-	60	„
Emmentaler und fette Rundkäse	38	„
Gervais und Imperial	62	„
Groyer, vollfett	40	„
Groyer, halbfett	46	„
Laibkäse, mager	52	„
Mondseer (Münsterkäse)	56	„
Parmesankäse (Reibkäse)	35	„
Quargel	65	„
Roquefort	38	„
Schmelzkäse schnittfähig überfett	44	„
Schmelzkäse schnittfähig vollfett	48	„
Schmelzkäse schnittfähig $3/4$-fett	52	„
Schmelzkäse schnittfähig $1/2$-fett	58	„
Schmelzkäse streichfähig überfett	54	„
Schmelzkäse streichfähig vollfett	56	„
Schmelzkäse streichfähig $3/4$-fett	60	„
Schmelzkäse streichfähig $1/2$-fett	62	„

Tilsiter, vollfett und $^3/_4$-fett .... 50 Prozent
Topfen (Reib-, Industrie- und Preßtopfen) .... 65 „
Topfen (Speise-, Kochtopfen, Topfen schlechtweg) ...... 78 „
Weichkäse und Streichkäse, vollfett und $^3/_4$-fett .... 60 „
Weichkäse, $^1/_2$- und $^1/_4$-fett .... 63 „
Weichkäse, mager .... 65 „

c) nach dem für sie jeweils charakteristischen **Reifungsgrad**: in frische (ungereifte) und gereifte Käse;

d) nach dem **Fettgehalt** in der Trockenmasse:

In überfette oder Rahmkäse ..mit mindestens 55 Prozent Fett,
in vollfette Käse .... „   „   45   „   „
in $^3/_4$-fette Käse .... „   „   35   „   „
in $^1/_2$-fette Käse .... „   „   25   „   „
in $^1/_4$-fette Käse .... „   „   15   „   „ und
in Magerkäse .... „   „   4   „   „

Bei jenen Käsen, welche nicht schon nach ihrer Sorte als überfett, vollfett oder mager erzeugt werden, ist ihr Fettgehalt durch Bezeichnung der Klasse ($^3/_4$-, $^1/_2$-fett usw.) auf der (Einzel-) Verpackung oder auf dem Käse selbst in deutlich augenfälliger Weise anzugeben;

e) nach ihrer **Herkunft** auch in Kuhmilch-, Schaf- und Ziegenmilchkäse. Im gewöhnlichen Sprachgebrauch versteht man unter „Käse" in der Regel Käse aus Kuhmilch.

In Österreich kommen folgende wichtigere Käsesorten in den Handel:[1)]

A. Labkäse aus Kuhmilch

I. Hartkäse

Durch mehr oder weniger weitgehende Zerkleinerung des Eiweißgerinnsels (Dickete) — die zerkleinerte Dickete heißt „Bruch" —, durch Erwärmung des Bruches über die Gerinnungstemperatur („Nachwärmen") und durch Pressen des geformten Bruches wird der Käse wasserarm und fest, wobei auch die Labfähigkeit der zu verkäsenden Milch eine Rolle spielt. Je nach der Festigkeit des Teiges (der Käsemasse) unterscheidet man **Reibkäse** und **feste Schnittkäse**.

a) Reibkäse

1. **Parmesan- und Granakäse.** Seine Heimat ist Oberitalien. Er wird in zwei Arten hergestellt: Als Lodigianer und als Reggianer,

---

[1)] Die angegebenen Zahlen über die Ausmaße und Gewichte der verschiedenen Käselaibe und Käseformen sind nicht absolut bindend, sondern Anhaltspunkte für den jeweiligen Charakter der Käsesorte.

halbfett. Der Lodigianer oder Granakäse ist fettärmer, der Winterkäse noch fettärmer als der Sommerkäse; Teig blaß, infolge der Milchaufstellung in kupfernen Gefäßen oft im Anschnitt grünlich. Der Reggianer hingegen ist fetter und auch im Anschnitt von goldgelbem Teig. Die Laibe sind etwa 18 cm hoch, 35 bis 65 cm im Durchmesser und 25 bis 40 kg schwer und außen mit einem Gemisch von Spiritus, Leinöl und Kienruß oder Beinschwarz grünlichschwarz bis rein schwarz gefärbt. Der Teig muß ganz fest, körnig (daher der Name „Grana"), mit möglichst wenigen, kleinen Löchern durchsetzt und von feinem Geruch und Geschmack sein. Zur Verarbeitung gelangt Milch mit 8 bis 12⁰ $S.H.$, der oft saure Molke, neuerdings Reinkulturen von Milchsäurebakterien, zugesetzt werden. An der Reifung sind Milchsäurebakterien, und zwar sowohl Streptokokken als auch Langstäbchen sowie säure- und labbildende Kokken beteiligt. Die Vollreife erlangen die Käse mit 2 bis 4 Jahren. Dem Parmesan ähnlich ist der Vezzenakäse aus der Gegend von Vezzena, in 10 bis 14 kg schweren Laiben.

2. Spalenkäse[1]) oder Sbrinz. Heimat ist die Schweiz (Kanton Unterwalden). Scharfkantige Laibe, ohne Auswölbungen, 17 bis 20 kg schwer, 7 bis 10 cm hoch, 45 bis 50 cm im Durchmesser, vollfett, mit festem, doch noch plastischem, gelbem Teig, mit wenigen kleinen Löchern und ohne Spalten, vollreif nach mindestens einem Jahr. Spalenkäse werden nicht nur gerieben, sondern auch gehobelt, heißen daher auch Hobelkäse. Ähnlich ist der Saanenkäse (nach dem Orte Saanen im Kanton Bern) in 12 bis 15 kg schweren Laiben, mit gelbbraunem, festem bis sprödem Teig und wenigen kleinen Löchern, vollfett und halbfett hergestellt. Vollreif nach drei Jahren, kann er 10 und mehr Jahre gelagert werden.

3. Caccio cavallo. Aus Süd- und Mittelitalien, 1 bis 2 kg schwer; mit heißer Molke und heißem Wasser wird der Bruch plastisch fadenziehend gemacht, hierauf schwach geräuchert; frisch als Dessertkäse, gealtert als zäher Reibkäse verwendet. In Rüben- oder Spindelform, voll- oder $^3/_4$-fett, in Kugelform hingegen meist vollfett und als Provolone bezeichnet. (Der Käse kann, da sein Bruch auf 90 bis 95⁰ C erhitzt wird, auch zu den Schmelz- oder Kochkäsen gezählt werden.)

b) Feste Schnittkäse

1. Emmentalerkäse. Ursprünglichstes Erzeugungsgebiet sind die Alpen des Emmentales (Kanton Bern); seit mehr als hundert Jahren liegt die Haupterzeugung der Schweiz in den Talgebieten des hügeligen Voralpenlandes der Mittel-, Nord- und Ostschweiz. Bedeutende Erzeugungsgebiete außerhalb der Schweiz sind: die österreichischen Alpenländer, das bayrische und württembergische Allgäu, Ost- und

---

[1]) Die Versandfässer für den Export werden „Spalen" genannt.

Westpreußen, namentlich die Elbinger Niederung, Finnland, Frankreich, der Staat Wisconsin in Nordamerika, ferner Italien, Ungarn und Sibirien. Die wichtigsten Erzeugungsbetriebe in Österreich liegen in Vorarlberg (die Gerichtsbezirke Bregenz, Bezau und Bludenz), Tirol (das Lechtal, Tannheimertal, Zillertal, Unterinntal, die Gebiete um St. Johann, Kössen, Walchsee, Niederndorf) und Salzburg (das Gebiet um Seekirchen und Anthering); aber auch in den anderen Bundesländern wird Emmentalerkäse erzeugt.

Der Emmentalerkäse ist ausschließlich Vollfettkäse mit mindestens 45% Fett in der Trockenmasse und wird in mühlsteinförmigen Laiben mit einem Gewicht von 50 kg aufwärts, einer Höhe von 12 bis 18, selten 20 cm und je nach dem Laibgewicht mit 60 bis 90 cm, selten mehr, Durchmesser erzeugt. Die ,,Plattseiten" (Ober- und Unterseite) sind vom Rand gegen die Mitte zu gewöhnlich leicht und gleichmäßig gewölbt, ebenso soll die ,,Yärbseite" (die Mantelfläche des zylindrischen Laibes) nur leicht ausgewölbt, nicht ,,verlaufen" sein. Die Kanten des Laibes sollen abgestumpft, ,,abgespant" sein. Die Rinde soll je nach dem Alter der Käse hell bis dunkelgelb, oft sogar braun, rein gehalten, hart und dauerhaft, aber nicht dick, weder schmierig-lettig oder verkrustet, noch von Schimmelpilzen besetzt und eingefressen sein. Der ungefärbte Teig ist bei Trockenfütterung weißlich-mattgelb, bei Grünfütterung sattgelb, immer aber gleichmäßig gefärbt, von fester, plastisch-schnittiger Konsistenz, weder zu fest noch ,,kurz" (bröckelig), nicht krümelig-rauh, schmierig oder gummiartig-zähe. Manchmal, namentlich in der Wintererzeugung, ist der Teig durch Safran oder andere unschädliche Farbzusätze künstlich gefärbt. Die Löcher (,,Augen") sollen kugelrund, nicht unregelmäßig geformt sein, etwa 1,5 cm groß, im Teig ziemlich gleichmäßig, aber mehr gegen das Innere des Laibes als gegen den Rand zu verteilt sein. Ihre Wand soll glatt und matt, weder körnig (,,unsauber") noch ,,blattrig" (,,nußschalig") oder lackartig glänzend (,,Glanzloch") sein. Bei länger gelagerten Käsen tritt in die Löcher etwas Saft aus, der neben Kochsalz auch Aminosäuren enthält. Wenn der Saft aus irgendwelchem Grunde eintrocknet oder wenn die Käse stark gesalzen sind, bilden sich die ,,Salzsteine" in den Löchern, die hauptsächlich aus dem Eiweißzersetzungsprodukt Tyrosin bestehen. Geruch und Geschmack des Emmentalerkäses sind typisch, fein aromatisch, je nach dem Alter des Käses mehr oder weniger kräftig ausgebildet, bei den besten Qualitäten ohne jeglichen unangenehmen Beigeschmack wie z. B. säuerlich, scharf, bitter, lauchig, ranzig, talgig, Stallgeschmack, noch auch fad, leer und geschmacklos. Das Reifestadium wird von den verschiedenen Absatzgebieten verschieden verlangt, schwankend von 3 bis 12 Monaten. An der Reifung des Emmentalerkäses sind beteiligt: Milchsäurebakterien der Art Streptococcus lactis und des Bacterium casei alpha bis epsilon, der Micrococcus casei liquefaciens, Propionsäurebakterien und gewisse

Tyrothrixarten. In Reinkultur kommen am häufigsten in Verwendung: Bacterium casei epsilon, Streptococcus lactis und Propionsäure-Bakterien.

2. **Rundkäse** (bisher in Österreich unzutreffend auch Halbemmentaler genannt). In fast allen Erzeugungsgebieten des Emmentalerkäses, in seinen Grundzügen so wie dieser hergestellt. Sie werden $^1/_2$-fett, $^3/_4$-fett und vollfett hergestellt. Die Laibe werden in Mühlsteinform von mindestens 40 kg Gewicht, 12 cm Höhe und etwa 50 cm Durchmesser erzeugt. An die Form, die Rinde, den Teig, die Reifung, den Geruch und Geschmack werden, entsprechend dem jeweiligen Fettgehalt des Rundkäses in der Trockenmasse, ähnliche Anforderungen gestellt wie an den Emmentalerkäse. Die Lochung ist im allgemeinen kleiner als beim Emmentalerkäse, bei fetten Rundkäsen im Durchschnitt mit etwa 8 mm Durchmesser; je weniger fett der Rundkäse ist, um so geringer sind die Anforderungen an die Lochung. Ein fetter Rundkäse hat immer weniger als 50 kg Laibgewicht, $^1/_2$- und $^3/_4$-fette Rundkäse können mehr oder weniger als 50 kg Laibgewicht haben. Nicht vollfette Rundkäse sind als $^1/_2$-fett oder $^3/_4$-fett zu kennzeichnen.

3. **Groyerkäse** (Greyerzer Käse, Gruyères). Aus dem Kanton Freiburg (Distrikt Greyerz) stammend, wird er so wie Rundkäse in allen Erzeugungsgebieten des Emmentalerkäses hergestellt, insbesondere in den kleinen Talkäsereien der österreichischen Alpenländer (siehe unter „Emmentalerkäse") auch auf den Alpen während des Sommers, im schweizerischen und französischen Jura. Sie sind die kleinsten der mühlsteinförmigen, festen Schnittkäse des Alpen- und Voralpengebietes. Das Laibgewicht beträgt unter 40 kg. Die Erzeugung ist in den Grundzügen gleich jener des Emmentalerkäses und des Rundkäses; wegen des geringeren Laibgewichtes kann der Käsebruch gröber, weniger fest und weniger trocken gemacht und der geformte Käse schwächer gepreßt werden, wodurch der Teig des fertigen Käses weicher bleibt. Die Laibe sind scharfkantig, nicht ausgewölbt, die Yärbseite oftmals sogar etwas eingefallen, 8 bis 10 cm hoch, bis zu 50 cm im Durchmesser; die Rinde soll nicht zu schmierig, zu verkrustet oder mit Schimmelpilzen besetzt sein, der Teig ist weich-schnittig und mit wenigen, aber sauberen, erbsengroßen Löchern durchsetzt; Geruch und Geschmack sind rein und typisch an den Emmentalerkäse angelehnt. Groyerkäse werden vollfett bis $^1/_2$-fett erzeugt und müssen dementsprechend gekennzeichnet sein. Je weniger fett sie sind, um so mehr verlieren Form, Teig, Lochung, Geruch und Geschmack und auch die Rinde die vorgenannten Eigenschaften. Die Rinde wird etwas schmieriger, der Teig wird fester, oftmals grünlich aussehend, die Lochung kleiner und zahlreicher, der Geruch und Geschmack schärfer. Je magerer der Groyer, um so länger seine Reifezeit (bis zu 12 Monaten, damit der magere Teig mürber wird). Weiche Groyer wurden seinerzeit in Vorarlberg erzeugt und Battel-

mattkäse genannt. Halbfette bis $^1/_4$-fette groyerartige Käse werden auch Mischlingkäse genannt.

4. **Magere Laibkäse.** Aus handabgerahmter oder Zentrifugenmagermilch hergestellt. Räßkäse nennt man in Vorarlberg stark gesalzene und möglichst lang gereifte Magerkäse, meist aus handabgerahmter Milch (Handmagerkäse zum Unterschied vom Zentrifugenmagerkäse). Schnittkäse nennt man in Tirol und Salzburg die aus handabgerahmter Milch erzeugten Käse, denen auf Tiroler und Pinzgauer Alpen gerne etwas Ziegenmilch beigesetzt wird, um den Geschmack pikanter zu machen und den Fettgehalt etwas zu verbessern. Sperkäse (Sperkas) werden in Tirol Käse aus Zentrifugenmagermilch oder sonst hart und trocken gearbeitete Magerkäse genannt. Räßkäse, Schnittkäse und Sperkäse haben ein Laibgewicht von 8 bis 10, selten bis 20 kg. Sie dienen als Volksnahrungsmittel vornehmlich im Erzeugungsgebiete.

5. **Hartkäse nach Holländerart:**

a) **Edamerkäse.** Kugelige Formen von 2, selten 4, höchstens 6 kg Gewicht; werden vollfett, $^3/_4$-fett und $^1/_2$-fett hergestellt; von mildem, reinem, nicht säuerlichem Geschmack, der Teig zart und schnittig, mit unschädlichen Farbstoffen kräftig gefärbt, ohne Risse und Spalten, nicht kurz, mit spärlichen kleinen, kugeligen oder geschlitzten Löchern. Die Rinde wird paraffiniert und meist mit Rosanilin oder Orlean rot gefärbt; auch gelb, blau und violett gefärbte Käse kommen in den Handel. Mit 4 bis 6 Wochen handelsreif, mit 2 bis 3 Monaten genußreif. Kleine, abgeflacht-kugelige, $^1/_2$ kg schwere, vollfette Edamerkäse führen den Namen „Geheimratskäse". Varianten sind: der 4 bis 6 kg schwere, länglich-blockförmige Brotkäse und der pikantere, kugelige, etwa 2 kg schwere Littauerkäse, der $^3/_4$-fett und vollfett erzeugt wird.

b) **Goudakäse** (sprich: Gauda). Flache Laibe mit 5 kg (fettärmer) bis 20 kg Gewicht, im Mittel 10 bis 12 cm hoch, 35 bis 40 cm im Durchmesser, werden vollfett, $^1/_2$-fett und $^1/_4$-fett gemacht; besitzen einen dem Edamer ähnlichen Geschmack, sind jedoch schwächer künstlich gefärbt und unregelmäßiger gelocht. Rinde zuweilen gefärbt, auch mit abgekochtem Leinöl eingerieben oder paraffiniert. Mit 5 bis 6 Wochen handelsreif, mit 3 bis 4 Monaten genußreif.

Nach Gouda-Art sind bereitet die Trappistenkäse mit 1 bis 2 kg Laibgewicht, die in Bosnien (Kloster Maria Stern bei Banjaluka) und in Frankreich als „Port du Salut" hauptsächlich und zuerst erzeugt wurden und die Steppenkäse.

6. **Tilsiterkäse.** Beheimatet in der Gegend von Tilsit in Ostpreußen, heute in fast allen käseerzeugenden Ländern hergestellt. Ein ungepreßter oder höchstens nur ganz schwach gepreßter Hart-

käse, der mager, $^1/_4$-, $^1/_2$-, $^3/_4$- und vollfett erzeugt wird. Zylindrische Laibe von 4 bis 5 kg Gewicht, 9 bis 10 cm hoch, 23 bis 26 cm Durchmesser. Die Rinde ist mit rötlichgelber, schwach eingetrockneter Schmiere bedeckt, ohne eingefressene Schimmelpilzkolonien oder nässende Faulstellen. Der Teig ist zart, schnittig, elastisch, schwach gelb gefärbt, mit ziemlich vielen und fast ausschließlich geschlitzten Bruchlöchern möglichst gleichmäßig durchsetzt. Der Geschmack ist bei fetter Ware mild pikant, etwas an Backsteinkäse erinnernd, nicht säuerlich, nicht salzbitter und nicht molkenbitter. Handelsreif mit 2 bis 3 Monaten, vollausgereift mit 4 bis 5 Monaten. Abarten des Tilsiters sind: die blockförmigen **Stangentilsiter**, die so wie auch die laibförmigen Tilsiter kleineren Formates fälschlich oft als „Mondseerkäse" bezeichnet und gehandelt werden.

7. **Englisch-amerikanische Hartkäse:**

a) **Cheddarkäse.** Hochzylindrische, scharfkantige, meist paraffinierte Laibe mit 15 bis 30 kg Gewicht, mager, halbfett und vollfett, aus bei der Erzeugung nachgesäuertem Bruch, mit gefärbtem, schnittigem Teig, mit „süßem, nußkernartigem" Geschmack.

b) **Chesterkäse.** Hochzylindrische, scharfkantige Laibe mit 18 bis 30 kg Gewicht, stets vollfett, mit stark gefärbtem Teig, aus stark nachgesäuertem Bruch, meist mit Rissen anstatt Löchern, pikant-säuerlichem Geschmack, handelsreif mit 4 bis 5 Monaten, vollreif mit 10 Monaten.

II. Weichkäse

Der Bruch wird mehr oder weniger groß (grob) gemacht, nicht nachgewärmt und der geformte Bruch nicht gepreßt. Dadurch bleibt viel Molke eingeschlossen, der Käseteig bleibt weich und reift von außen nach innen. Nach der charakteristischen Reifungsflora können die Weichkäse folgendermaßen eingeteilt werden:

a) Weichkäse mit Weißschimmel auf der Rinde (auch mit Grau- oder Blauschimmel)

Oidien und Penicillien auf der Rinde sind die typischen Reifungserreger, die den Käsen dieser Gruppe den charakteristischen Geruch und Geschmack verleihen. Die Schimmelpilze wachsen nicht in den Teig hinein:

1. **Camembertkäse.** Ursprüngliches Erzeugungsgebiet ist Frankreich; heute wird er auch in Österreich, nur vollfett, hergestellt. Flachzylindrische Laibchen, oftmals in Sektoren geteilt, mit 2 bis 3 cm Höhe, 6 bis 12 cm Durchmesser und 80 bis 350 g Gewicht; die leichteren werden auch „Kleincamembert" genannt. Die Rinde ist mit weißem, weißlichgrauem bis blaugrauem Schimmel, dazwischen mit orange-

roten bis bräunlichen, klebrigen Stellen besetzt. Letztere dürfen nicht überwuchern, Schimmelpilze dürfen nicht fehlen. Geruch angenehm erfrischend, mild champignonartig, nicht muffig, nicht zu stark nach Ammoniak. Geschmack mild, typisch pikant, nicht nach Limburger oder Quargel, nicht leer, ordinär, scharf säuerlich, muffig, bitter, seifig oder versalzen. Teig weich, etwas streichbar, wachsgelb gefärbt und geschlossen. Oft wird der Camembert in einem Reifestadium genossen, in welchem sein innerster Kern noch nicht ganz durchgereift, etwas blasser gefärbt und leicht kreidig ist. Verpackt wird der Camembert in Paraffinpapier oder Pergamentpapier, oft auch in Stanniol oder Aluminiumfolien, dann in Holzspan- oder Pappschachteln. Die wichtigsten Reifungsbakterien sind: Milchsäurebakterien von der Art Streptococcus lactis, Oidium camemberti, Penicillium camemberti oder album, Rotbakterien, Hefen und Mykodermen. Die wichtigsten werden in Reinkultur verwendet.

2. Briekäse. Hauptsächlich in Frankreich und in beschränktem Maße in anderen Ländern erzeugt. In ganz flachzylindrischer, tortenartiger Form mit 2 bis 4 cm Höhe, 30 bis 40 cm Durchmesser, bis zu 2,5 kg Gewicht, in Frankreich in allen Abstufungen mager bis überfett, außerhalb Frankreichs nur vollfett hergestellt. Außen durch Bakterien orange- bis rotfleckig und mit nur ganz wenig Schimmelvegetation an der Oberfläche. Teig gleichmäßig gelb, geschlossen, sehr weich, aber nicht fließend, Geschmack ähnlich dem des Camembert, aber milder. Reifungsflora und vorkommende Käsefehler sind nahezu gleich wie beim Camembert. Briekäse kommt in ganzen Laibchen und in Sektoren geteilt, in Schachteln verpackt in den Handel. Überfette und kleinere Briekäse, 3 bis 4 cm hoch und mit einem Durchmesser von 12 bis 15 cm, werden als Crème de Brie und als Brie de Saison oder Brie Talleyrand bezeichnet. Coulommierkäse sind kleine Briekäse mit 4 cm Höhe, 13 cm Durchmesser, 0,5 kg Gewicht, aber meist ganz mit weißem Schimmelpilz überzogen und mit ganz spärlicher Bakterienschmiere besetzt; halbreif und reif genossen; in reifem Zustande oft leicht ranzig. Briekäse kommen mit verschiedenen Markennamen und Herkunftsbezeichnungen in den Handel. In Österreich wird ein ungereifter, tortenförmiger Weichkäse (Weißer Käse, Fromage blanc) fälschlich unter dem Namen „Briekäse" gehandelt.

b) Weichkäse, mit gelb- oder rötlichbrauner Schmiere reifend

1. Stracchinoarten. Sie nehmen eine Mittelstellung ein zwischen der Gruppe der Romadur- und Mondseerkäse und den Weißschimmelkäsen. Der typischeste Vertreter ist der Stracchino di Milano oder Stracchino quadro, viereckig, 4 bis 7 cm hoch, 1,5 bis 3 kg schwer, mit ziemlich trocken gehaltener Rinde, sehr weichem, zartem, geschlossenem, mit Safran gefärbtem Teig, vollfett und überfett, oft in Musselin eingehüllt, mit feinem, an französische Weichkäse, nicht an

Limburger erinnerndem Aroma und Geschmack. Quartirolo heißt der nach dem vierten Grasschnitt (im Herbst) erzeugte Stracchino. Hieher zählen auch die in Italien unter der Marke Bel Paese, in Österreich unter den Marken Tiroler Gold und Landlkäse usw., vollfett erzeugten Käse. Sie sind flachzylindrisch, in etwa gleicher Größe wie Stracchino di Milano, etwas fester im Teig, mit etwas festerer, ganz schwach mit Schimmel besetzter Rinde, in Pergament gewickelt, ganz oder auch nur teilweise mit Stanniol bedeckt, in Holzspan- oder Pappschachteln verpackt. Stracchino salame oder Formaggio salame oder Salamekäse ist ein ähnlicher Käse in runder Stangenform, ganz in Stanniol gehüllt.

2. Mondseer Schachtelkäse. Dem Münster- oder Gerardmerkäse in den Vogesen ähnlich, doch etwas fester, $1/2$ bis 1 kg schwere Laibchen, 5 bis 6 cm hoch, etwa 15 cm breit, mit gelblicher, bräunlicher bis roter, mäßig schmieriger Rinde, weichem, schnittigem Teig, pikantem, etwas an Limburger erinnerndem, mild-säuerlichem Geschmack, vollfett. Neuerdings kommen auch Mondseer in kleinen Formen von 8 bis 10 dkg Gewicht in den Handel. Sie sind in Stanniol verpackt und streichbar. Als Nachahmungen des Mondseer Schachtelkäses, bloß in Pergamentpapier gehüllt, bisweilen paraffiniert, schwerer im Gewicht (zirka 2 bis 6 kg), etwas fester im Teig, mehr dem Tilsiter ähnlich, werden auch Käse in Laib- und Stangenform in den Handel gebracht und irreführend unter der Bezeichnung „Mondseer Laib- oder Stangenkäse" verkauft. Sie werden vollfett, $3/4$-fett und $1/2$-fett erzeugt.

3. Käse nach Limburger Art. Diese sind prismatische und ziegelförmige Käse, erstmals in der Gegend von Limburg in Belgien hergestellt, heute in Österreich, Deutschland und Frankreich verbreitet, mit schwacher, elastischer, haltbarer, aber nicht harter, sondern mehr oder weniger schmieriger Rinde, lichtgelbem, weich-schnittigem bis streichbarem Teig, ohne oder höchstens mit vereinzelten, länglichen oder unregelmäßig gestalteten Bruchlöchern im Teig. Geruch und Geschmack typisch mild-pikant, ohne unangenehmen Beigeschmack. In der Namensgebung herrscht große Willkür, so daß die Bezeichnung der Ware deren Art nicht immer erkennen läßt. Es ist daher bei Käsen nach Limburgerart auf der Stückverpackung stets der Fettgehalt (vollfett, usw.) anzugeben. Nach Form, Größe und Fettgehalt der Trockenmasse unterscheidet man folgende Typen:

a) Romadurkäse. Für den Ursprung des Namens gibt es verschiedene Deutungen. 11 bis 12 cm lange, 4 bis 5 cm hohe und ebenso breite Prismen von 250 bis 400 g Gewicht, fett und $3/4$-fett, in Pergament und Stanniol verpackt. Kleinere Romadurkäse gehen unter dem Namen Tafelkäse oder Schloßkäse in den Handel. Pont l'Eveque ist ein französischer Romadur, 11 bis 12 cm im Quadrat, 3 cm hoch, mit sehr feinem Geschmack.

b) **Backstein- (Ziegel-) oder Limburgerkäse.** In Österreich nach den Erzeugungsstätten auf den Fürst Schwarzenbergschen Gütern auch „Schwarzenberger" genannt, 9 bis 15 cm lang und 8 cm hoch, prismatisch bzw. würfelförmig, 0,5 bis 1 kg schwer, mit ausgebildeten, dauerhaften Ecken und Kanten, $^1/_2$-fett, $^1/_4$-fett und mager hergestellt, in Pergament, selten auch noch in Stanniol verpackt. Stangenkäse sind bis zu 20 cm lange, 7 cm hohe und breite und bis zu 800 g schwere Backsteinkäse, die nicht unter 20% Fett in der Trockenmasse haben sollen. **Weißlacker** sind 1,5 kg schwere, würfelförmige, scharf schmeckende Backsteinkäse mit lackartiger, dünnflüssiger, weißgrauer Rindenschmiere. **Spitzkäse** sind kleine prismatische, meist magere Backsteinkäse mit Kümmelzusatz.

c) **Frühstückskäse**, halbfett bis mager. Der Fettgehalt muß angegeben sein.

4. **Dessert- und Delikatessekäse.** Kleinere Käschen, meist 80 bis 100 g schwer, flachzylindrisch oder prismatisch geformt, in Pergament und Stanniol verpackt, ihrer Geschmacksrichtung nach zwischen Romadur und Camembert stehend, mit zartem, weichem, geschlossenem Teig und leicht schmieriger, rötlicher oder bräunlicher Rinde. Sie kommen oft unter Phantasienamen in den Handel und müssen vollfett sein; zulässig sind auch $^3/_4$-fette, jedoch nur unter Angabe des Fettgehaltes.

c) Von Schimmelpilzen durchwachsene Weichkäse

Blaugrüne Penicilliumarten, die für jede Käsesorte dieser Gruppe charakteristisch sind und die bei 5 bis 8° C sehr gut wachsen, weshalb diese Käse bei diesen Temperaturen reifen müssen, durchwachsen den Teig, spalten neben Eiweiß auch Fett, wobei insbesondere Capron-, Capryl- und Caprinsäure entstehen; diese verleihen den Käsen den typisch würzigen, pikanten Geruch und Geschmack. Neben Penicillien dürften Hefen an der Reifung beteiligt sein; Bakterien spielen eine geringere Rolle; wilde Penicillien erzeugen ordinären, muffigen Geruch und Geschmack. Hierher gehören:

1. **Gorgonzolakäse.** Nach dem gleichnamigen Orte (bei Mailand) benannt; auch außerhalb Italiens erzeugt; hochzylindrisch, 8 bis 12 kg schwer, 18 bis 21 cm hoch bei einem Durchmesser von etwa 30 cm. Die natürliche Rinde ist dünn und weißlichgelb, sie darf weder mit Baryum- noch mit Bleiverbindungen, wohl aber mit Gemischen von weißer Tonerde (Terra di Vicenza) und Schweineschmalz oder Wachs und Schweineschmalz, denen Engelrot beigegeben ist, überzogen sein, doch darf hiedurch keine Beschwerung eintreten. Der Teig ist weißlichgelb, ziemlich weich, homogen, nicht kreidig, nicht verflüssigt, möglichst gleichmäßig von grünlichem Gorgonzola-Penicillium durchzogen, mit möglichst wenig und unregelmäßig geformten

Bruchlöchern durchsetzt, vollfett, auf der Zunge fast schmelzend. Geruch und Geschmack sind mild, pikant und erfrischend. Die Verwendung von auf Brot gezüchteten Kulturen ist zulässig. Ähnlich ist der **Sarrasinkäse** aus dem Kanton Waadt (Schweiz), vorwiegend prismatisch, auch hochzylindrisch, 2 kg schwer. **Weißer Gorgonzola** (Stracchino di Gorgonzola bianco, formaggio pannarone), gehört zu den Stracchinoarten, hat die gleiche Form wie der grüne Gorgonzola, ist aber nur 8 bis 10 kg schwer, bei höherer Temperatur gereift, daher ohne Schimmelvegetation im Teig, vollfett, butterweich, Geschmack meist etwas süßlich, oft auch etwas ranzig.

2. **Stiltonkäse.** Aus der Gegend von Stilton in Mittelengland, 5 bis 8 kg schwer, 25 bis 30 cm hoch, 15 bis 18 cm Durchmesser, fett und überfett, oftmals mit schweren spanischen Weinen getränkt, in Stanniol oder Blechbüchsen verpackt.

d) Ungereifte oder frische Weichkäse

1. **Gervaiskäse.** In Frankreich ursprünglich „Petit-Suisse" genannt; heute ist Gervais (nach Charles Gervais, der die Fabrikation vervollkommnet hat) in Österreich Sortenbezeichnung, weshalb eine etwaige Herkunftsbezeichnung (z. B. französischer Gervais) wahrheitsgetreu sein muß. Flachzylindrisch und walzenförmig mit 60 g Normalgewicht, ungesalzen, in ungeleimtem Papier oder Pergament, auch in Stanniol gewickelt, ohne Rindenbildung, ohne Schimmelvegetation; butterweich, mit feinem, fettig-geschmeidigem, nicht grießigem, weißem, höchstens ganz lichtgelbem Teig und mildsäuerlichem, weder bitterem, noch scharfem, muffigem oder ranzigem Geschmack; überfetter oder Rahmkäse. Die Menge der durch Phosphorwolframsäure nicht fällbaren Eiweißsubstanzen darf bei frischem Gervais 3 Prozent vom Gesamtstickstoffgehalt nicht überschreiten.

2. **Imperialkäse.** Quadratisch, tafelförmig, in Frankreich als „Petit carré" oder „Demisels" bezeichnet, oft auch dreieckig, 60 g schwer, in Pergament und Stanniol gewickelt, überfett, vollfett und $^3/_4$-fett erzeugt (letztere sind als solche zu kennzeichnen), fester als Gervais, von ähnlichem, mildsäuerlichem Geschmack, doch stets leicht gesalzen; häufig mit Butter vermischt.

3. Außer den typischen Sorten Gervais- und Imperialkäse kommen frische Labkäse in verschiedenen Formen und auch ungeformt, mit verschiedenem Fettgehalt und unter den verschiedensten Namen wie **Butterkäschen, Streichkäse, Frühlingskäse, Cremekäse, Gervais-** und **Imperialmasse** usw. in den Handel. Bei allen diesen frischen Labkäsen ist der Fettgehalt zu kennzeichnen und der Name so zu wählen, daß er nicht irreführend ist.

B. Labkäse aus Schafmilch

1. **Brinsenkäse**, auch Brimsen oder Primsen genannt. Schwach angereifter (peptonisierter), durch Mahlen und Einstampfen homogen krümeliger Labkäse aus Schafmilch von meist mildem Geschmack. Wird in den Karpathen- und Balkanländern erzeugt und in Fässer zu 150 kg, in Kübel und Dosen zu 5 bis 10 kg, auch in Kisten, Stanniol, Aluminiumfolie und Pergament verpackt. Der Handel unterscheidet folgende Qualitäten:

a) **Dessert- oder Delikatessebrinsen** mit mindestens 48% Fett in der Trockenmasse und höchstens 50% Wasser, aus der Tschechoslowakei vom 15. März bis 15. Oktober jeden Jahres unter staatlicher Kontrolle exportiert;

b) **gewöhnlicher Brinsen oder Liptauer**, der nicht unbedingt aus der Liptauer Gegend stammen muß, mindestens 35% Fett in der Trockenmasse und höchstens 56% Wasser enthaltend;

c) **Mischbrinsen**, mit mindestens 25% Fett in der Trockenmasse und höchstens 60% Wasser, ist aus einem Gemisch von Schafmilch und Kuhmilch, in den Wintermonaten auch durch Beimengung von Kuhtopfen zum Schafbrinsen (um die Schärfe des konservierten, d. h. stärker gesalzenen Schafbrinsens zu mildern) hergestellt;

Je nach der Festigkeit unterscheidet man auch **Schneidebrinsen** (schnittfähig) und **Stechbrinsen** (streichfähig).

d) **Streich- oder Schmierkäse**, mit weniger als 25% Fett in der Trockenmasse und nicht über 70% Wassergehalt, ist ein Gemenge von Brinsen, Topfen und nicht verdorbenen Weich- und Hartkäsen.

e) **Rindel- oder Stampfkäse**, ein Gemisch von Kuhtopfen und trockener Abfallrinde des Brinsens, in Fässern und Dosen eingestampft.

„Garnierter Liptauer" ist ein Gemisch von Brinsen, Butter und Gewürzen (Paprika, Kümmel, Kapern, Essiggurken u. ä.). Der Zusatz anderer Käse, wie Kuhtopfen, Quargeln, zerriebener Hartkäse etc., ist zu kennzeichnen. Wenn anstatt oder neben Butter andere Fette, deren Fettgehalt nicht ausschließlich der Milch entstammt, Margarine, Kokosfett, gehärtete Fette usw. beigemischt werden, unterliegt das Erzeugnis auch den Bestimmungen des „Margaringesetzes" und ist ausdrücklich als „Margarinkäse" zu bezeichnen.

2. Andere **Schafkäse** sind: Der aus Rumänien stammende, in Schweinsblasen und Därme abgefüllte **Szekler-Schafkäse**, der in Jugoslawien (Bosnien) heimische, butterweiche **Arnauten- oder Travnikerkäse**, ebenso der **Brailaer Schafkäse**, in Würfeln geschnitten und getrocknet und in Salzwasser eingelegt, ferner der **Kaschkaval** der Balkanländer, der dem italienischen Caccio cavallo sehr ähnlich ist, die spindelförmigen und geräucherten **Ostjepki** (Einzahl Ostjepek) und der in Bändern gerollte und geräucherte **Parenica** (Tschechoslowakei).

3. **Roquefort.** Nach dem Städtchen Roquefort in Südfrankreich benannt, in der Tschechoslowakei als Grünkäse, in Ungarn als ungarischer Roquefort hergestellt. Die Rinde ist dünn, ganz leicht schmierig, mit Stanniol überzogen; der Teig soll weiß, nicht gelb (von zu fetter Milch) und mit feinen Adern des blaugrünen Roquefort-Penicilliums durchzogen, schnittig-weich, nicht bröckelig und mäßig mit unregelmäßigen Bruchlöchern durchsetzt sein; vollfett. Geschmack ist sehr fein und würzig, je nach dem Alter mehr oder weniger pikant, ohne unangenehmen Beigeschmack. Nachahmungen dieses Käses enthielten anstatt der Penicilliumkulturen feingehackte Gewürzkräuter (Petersilie).

C. Sauermilch- oder Quarkkäse aus Kuhmilch

a) Frischer Quarkkäse

Gewöhnlicher **frischer Quark**, meist aus Magermilch gewonnenen, als **Speise-** oder **Kochtopfen** mit höchstens 78% Wassergehalt und als **Reibtopfen**, auch für Käsereien, mit höchstens 65% Wassergehalt, häufig auch mit Labzusatz hergestellt. Frischer oder auch in Gefäßen mehr oder minder angereifter Topfen, oft auch mit Milch oder Rahm, Butter und Gewürzen oder nur mit Gewürzen verrieben, gibt gemeinhin den **Schmierkäse, Streichkäse** oder **Bierkäse,** auch **Topfkäse** genannt. Aus mißlungenen, aber nicht verdorbenen anderen Käsesorten wird in gleicher Weise auch ein Schmier- oder Streichkäse gemacht (s. S. 19).

b) Yoghurtkäse

Yoghurtkäse sind erzeugt aus Milch, bei deren Gerinnung das Bacterium bulgaricum in ausschlaggebender Menge beteiligt war. Ähnlich sind die aus den entsprechenden Sauermilcharten hergestellten **Kefir-, Mazun-** und **Acidophiluskäse,** welche gleichfalls den typischen Säuerungserreger enthalten müssen.

c) Kurzgereifte, kleingeformte Quarkkäse

Deren typischeste Vertreter sind die derzeit auch in Österreich, ursprünglich in Mähren (Olmütz) hergestellten **Quargel.** Kleine kreisrunde, flache Scheibchen, von 10 bis 35 g, selten 80 g Gewicht, mit orangerötlicher Schmiere, gelbem, speckig-glasigem Teig, meist mit noch topfigem, ungereiftem Kern, angenehm-pikantem, nicht beißendem oder scharfem, nicht salzigem Geschmack und kräftigem, aber nicht stinkendem Geruch. Die wichtigsten Reifungsorganismen sind: Milchsäurestreptokokken und -langstäbchen, Oidium lactis, ein stark peptonisierender gelber Kokkus und peptonisierende Mykodermen, vielfach auch Buttersäurebakterien. Zur Beschleunigung der Reifung werden mitunter Zusätze von (höchstens 1 Prozent) Soda (auch Kalk) gemacht. Ähnlich sind die Mainzer Handkäse, mit Kümmelzusatz Kümmelkäse genannt, und die Harzkäse, mit 30 bis 60 g Gewicht in kreisrunden Scheibchen oder länglichen Wecken hergestellt.

d) Länger gereifte, größer geformte Quarkkäse

1. Tiroler Graukäse. Hochzylindrische Laibe von 4 bis 10 kg Gewicht, ohne eigentliche Rinde, nur mit etwas verhärteter Oberfläche, die meist eine mäßige Anzahl kleiner Risse aufweist; aus Zentrifugenmagermilch, oft mit etwas Vollmilchzusatz oder aus handabgerahmter Milch hergestellt. Das Innere des Käses ist grauweiß bis grünlichbraun und mit mehr oder weniger Schimmelvegetation durchzogen. Guter Graukäse ist durch die ganze Käsemasse mürbe, oftmals am Rande etwas härter, der Teig selbst nicht hart oder bröckelig. Der Geschmack ist scharf und eigenartig pikant, leicht schimmelig, aber nicht faulig, bitter oder sauer. An der Reifung sind außer den gewöhnlichen Reifungserregern der Sauermilchkäse und Schimmelpilzen Hefearten wesentlich beteiligt. Dem Tiroler Graukäse ähnlich ist der Radstädter Käse aus Salzburg, der aber von außen nach innen speckig reift.

2. Vorarlberger Sauerkäse. 2 bis 5 kg schwere Laibe, hochzylindrisch und flachzylindrisch, oft mit stark ausgewölbten Seitenflächen; aus Zentrifugenmagermilch, oftmals mit etwas Vollmilchzusatz oder aus Handmagermilch hergestellt; anstatt der Rinde eine ganz schwach eingetrocknete Oberfläche; reift speckig-glasig von außen nach innen, der Kern ist stets topfig weiß, aber nicht kurz, hart oder bröckelig, sondern durch leichte Peptonisierung mürbe geworden, der Übergang von der speckig-glasigen Schicht zum topfigen Kern soll nicht plötzlich, sondern ganz allmählich sein. Geruch und Geschmack erinnern am ehesten an stark gereifte und stark gesalzene Quargel. Ähnlich sind die Steirer und Kärntner Sauermilchkäse mit Pfeffer- und Kümmelzusatz.

D. Ziger und Zigerprodukte

Bei deren Erzeugung (s. S. 4) werden nach dem Belieben des Erzeugers oftmals kleinere Mengen Buttermilch der Molke zugesetzt. Dadurch wird die Qualität der Produkte insbesondere in Bezug auf Fettgehalt verbessert.

a) Frischer Ziger

Frischer und schwach angereifter Ziger (weißer Ziger). Ganz frischer Ziger, in Stücken in der noch heißen Schotte schwimmend, wird im Bregenzer Wald „Sigen", im übrigen Vorarlberg „Süfe" genannt. In aufgehängten Tüchern abgetropfter Ziger, der in kleinen bis großen Gefäßen eingestampft, gesalzen, gewürzt, gepreßt und ganz schwach reifen gelassen wird, heißt in Vorarlberg „Biese[1])-Ziger", in Osttirol „Suppenschotten".

b) Geräucherter Ziger

1. **Zigerkugeln**, besonders in Tirol. Bieseziger wird mit der Hand zu Kugeln geformt, luftgetrocknet und dann geräuchert. Dunkelbraungraue Kugeln, sehr hart, als „Reibkäse" verwendet, mit sehr scharfem, würzigem Geschmack. Oft wird er aus alten Abfällen des Graukäses hergestellt und diese Nachmachung durch viel Pfefferzusatz zu verdecken gesucht.

2. **Käsmachet**, besonders in Kärnten. Geriebene Zigerstücke („geselchter Schotten") werden nach einer 2-tägigen Gärung mit Wasser eingestampft und nun 10 Tage reifen gelassen. Scharfer, würziger Geruch und Geschmack, der etwas an Roquefort erinnert. Ein ähnliches Produkt wird im Oberinntal auf Alpen erzeugt und kurz „Ziger" genannt.

c) Grüner Kräuterkäse

Grüner Kräuterkäse (Schabziger) wurde schon vor 600 Jahren im Kanton Glarus, heute auch in Vorarlberg und im Allgäu aus dem Quark und dem Ziger der auf über 90° C erhitzten Magermilch und Buttermilch unter Zusatz von Zigerkleepulver (Melilotus coerulea *Desr.*) erzeugt. In kleinen kegelstumpfförmigen Stücken geformt, von graugrüner Farbe, sehr hart, oder auch weicher in prismatischen Stücken, von scharfem Geschmack (im Volksmunde daher auch „Scharfziger" genannt) und daher für manche Leute unerträglich, wird er in feingeriebenem Zustande, oft mit Butter gemischt, oder sonst nur in kleineren Mengen gewürzartig verwendet.

d) Schottengsieg, Schottenzieg, Mysost (in Skandinavien)

Eine schokoladebraune, beliebig geformte, sandig plastische, schnittige Masse, oft mit etwas Butter gemischt; wird durch Eindampfen entfetteter und entzigerter Labmolke (also Schotte) gewonnen, besteht hauptsächlich aus karamelisiertem Milchzucker, ferner Milchsalzen und Spuren der übrigen Milchbestandteile. Hoher Brennstoffverbrauch und eigenartiger Geschmack drängen die Erzeugung mehr und mehr zurück.

E. Umgeschmolzene Käse (Schmelzkäse)

„Schmelzkäse" sind geformte Käse, welche aus Hart- oder Weichkäsen durch Erwärmen unter Zusatz von Wasser und unschädlichen Stoffen („Schmelzmittel", „Richtsalze") erhalten werden. Zu „Schmelz-

---

[1]) Biese = Abtropfkasten.

käsen" umgeschmolzen werden: Emmentaler-, Rund-, Groyerkäse, holländische und englische Hartkäse, Tilsiter und verschiedene Weichkäse. Die geschmolzene Käsemasse wird am häufigsten in Sechstel-Kreissektoren, aber auch in andere Formen, wie „Blocke", kleine quadratische Tafeln und andere prismatische und runde Formen gebracht, und zwar unmittelbar in die umhüllende Zinn- oder Aluminiumfolie gegossen. Die Metallfolie wird dann sorgfältig luftdicht verschlossen und die Einzelformen einzeln oder zu mehreren in Pappschachteln (daher auch „Schachtelkäse" genannt), seltener in Holzspanschachteln oder in Holzkistchen verpackt. Für die Haltbarkeit ist es wichtig, daß die Umhüllung jedes einzelnen Stückes mit Metallfolie gleich bei der Erzeugung, das heißt, noch in warmem Zustand, in reiner Luft und ohne Berührung der Schmelzmasse mit der Hand erfolge. Als „Richtsalze" gelangen Zitronensäure, Kalziumkarbonat, Natriumbikarbonat und Natriumphosphat zur Anwendung, deren Zusatz in dem für den normalen Verlauf des Schmelzprozesses notwendigen Ausmaß zulässig ist, und zwar darf die Menge der zugesetzten „Richtsalze" 3 Prozent der ursprünglichen Käsemasse nicht überschreiten und es darf durch den Zusatz der Gehalt an kochsalzfreier Asche in der Trockenmasse keinesfalls auf mehr als 14 Prozent erhöht werden. Ein Zusatz von Gewürzen ist zulässig, von Konservierungsmitteln, wie Salizylsäure, Benzoesäure und deren Salzen oder Abkömmlingen usw. aber unstatthaft. Häufig werden bei der Erzeugung der Schmelzkäse mehrere Sorten gemischt. Falls sie jedoch nach der Ursprungskäsesorte bezeichnet sind, müssen sie aus dieser allein bereitet sein und deren charakteristischen Geruch und Geschmack aufweisen. Sie werden vollfett, $^3/_4$-fett und $^1/_2$-fett erzeugt; ein umgeschmolzener $^1/_4$-fetter oder Magerkäse entspricht nicht den an einen Schmelzkäse zu stellenden Anforderungen.

Schmelzkäse sind zur Vermeidung von Irreführung nach ihrem Fettgehalt zu kennzeichnen. Dementsprechend müssen sie auf der Verpackung, und zwar auf der Etikette, bei Blockkäse auf der Umhüllung (Folie) sowie auf der Schachtel (Kistchen) u. dgl. und bei anderen Packungen an der oberen Fläche die Fettgehaltsbezeichnung, eventuell auch noch die Angabe des Fettgehaltes in Prozenten der Trockenmasse tragen. Der Fettgehalt ist auf die um 3 Prozent verminderte, ursprüngliche (wasserhaltige) Käsemasse zu beziehen.

Die Verarbeitung von Käserinden und verdorbenen Käseabfällen auf „Schmelzkäse" ist unstatthaft.

Die „Schmelzkäse" werden entweder in fester Form, d. i. „schnittfähig", oder in weicher Form, d. i. „streichfähig" hergestellt. Die Konsistenz richtet sich hauptsächlich nach dem Wasser- und Fettgehalt des Käses. „Streichfähige" Käse müssen auf der Umhüllung als solche bezeichnet sein. Für jede Fettgehaltsklasse ist nur ein bestimmter Höchstwassergehalt zulässig s. S. 8).

Anhang: **Kochkäse**. Aus angereiftem Quark oder Labbruch, der im Wasserbad oder über schwachem Feuer geschmolzen, dabei oft mit verriebenen, schadhaften (aber nicht verdorbenen) Käsen oder mit Milch, Butter, Eidotter, Kümmel und anderen Gewürzen, Zigerklee usw. vermengt, in Gefäße umgegossen und nach dem Erkalten aus dem Gefäß gestürzt wird.

Käsefehler

Es gibt Käsefehler, die bei allen Käsesorten auftreten können und solche, die nur für gewisse Gruppen gleichartiger Käsesorten charakteristisch sind.

A. Fehler, die bei allen Sorten auftreten können

1. Fehler in der **Form**: Der Käse ist entweder deformiert oder hat nicht die für die Sorte typische Form.

2. Fehler der **Rinde** und **Oberfläche**:

a) Ganz oder stellenweise mißfarbige Rinde. Metalle (Eisen, Kupfer, Zinn, Antimon, Aluminium, Blei) verursachen schwärzliche Verfärbung; Wucherungen von Schimmelpilzen, Hefen und Bakterien können schwarze, weiße, braune, rote, gelbe, blaue Verfärbung, meist aber nur stellenweise, verursachen. Diese Fehler sind um so schwerwiegender, je tiefer sie in das Innere des Käses hineinragen. Meist verschlechtern sie auch den Geruch und Geschmack des Käses.

b) Schadhafte Rinde. Trockene Rindenrisse und nasse, faulige Risse und Flecken, an denen sich leicht Fliegenmaden („Käsewürmer") ansetzen können; beide können durch mechanische Beschädigung, durch fehlerhafte Milch, fehlerhafte Erzeugung, schlechte Behandlung oder mehrere Ursachen zugleich bedingt werden. Milbenbesatz und Mäusefraß sind Folgen mangelhafter Pflege und Reinlichkeit; dünne Rinde („hautlose Käse") und zu dicke Rinde sind Erzeugungs- oder Behandlungsfehler.

3. Fehler im **Teig**:

a) Geblähter Teig, infolge zu starker Gasbildung durch Mikroorganismen. Als Blähungserreger kommen am häufigsten in Betracht: Bakterien der Coli-Aerogenes-Gruppe, Hefen und Buttersäurebazillen, kaum jedoch Erreger von Euterentzündungen. Letztere werden mit der Milch ermolken, alle anderen kommen durch Außeninfektion in die Milch. Zur Unterdrückung der Blähung setzt man der Kesselmilch mitunter Kalisalpeter (0,04 bis 0,1%) zu, der bei der Reifung vollständig zersetzt wird.

b) Fehlerhafte Konsistenz des Teiges. Schwammiger, gummiartiger Teig, meist mit Blähung verbunden; fließender, auslaufender Teig durch Erzeugungsfehler hervorgerufen und bei überreifem Käse; kurzer, harter und krümeliger, bröckeliger Teig als Erzeugungsfehler, durch zu säuerliche Milch oder durch schlechte Lagerräume verursacht;

kreidiger, topfiger Teig, durch fehlerhafte, zu saure Milch und ungeeignetes Naturlab entstanden.

c) Mißfarbiger Teig. Erscheinungen und Ursachen wie bei mißfarbiger Rinde.

4. Geruchs- und Geschmacksfehler:

a) Bitterer Geschmack kann entstehen durch Erzeugungsfehler, wie nicht vorgereifte Milch, beschleunigte Reifung durch zu hohe Temperatur in den Reifungsräumen, zu langsames Entfernen der Molke, ferner durch gewisse Mikroorganismen (Micrococcus casei amari, Torula amara, Dematium casei, Coli- und Aerogenesarten), endlich durch ungeeignetes Futter.

b) Fad-süßlicher bis leicht fauliger Geschmack, durch Blähungserreger hervorgerufen.

c) Saurer Geschmack, durch aus dem Futter (Haferspreu) stammende Stoffe, fehlerhafte (erstickte, überreife) Milch oder Erzeugungsfehler entstanden.

d) Ranziger Geschmack, durch fettspaltende Schimmelpilze und Bakterien erzeugt.

e) Talgiger Geschmack, durch Einwirkung von Licht, besonders direktem Sonnenlicht, verursacht.

f) Muffiger Geschmack, durch wilde Schimmelpilze in feuchten, schlecht gelüfteten Verarbeitungs- und Lagerräumen entstanden.

g) Obstestergeruch und -geschmack, durch gewisse Hefen hervorgerufen.

h) Seifiger Geschmack, durch fettspaltende Bakterien, durch schleimbildende Milchsäurebakterien (fadenziehende Milch und Molke) hervorgerufen, von Oidien und Hefen unterstützt, sowie durch stärkere Ammoniakbildung.

i) Stallgeschmack, durch unreinliche Milchgewinnung verursacht.

B. Käsefehler bei bestimmten Gruppen

Für die Beschreibung der Käsefehler, die für gewisse Gruppen gleichartiger Käsesorten charakteristisch sind, ist nachstehend immer ein typischer und wichtiger Vertreter der Gruppe als Beispiel herangezogen:

Emmentaler (s. S. 10):

1. Fehler in der Rinde und Form:

a) Ausgelaufene Käse sind solche, deren Seitenflächen stark ausgewölbt sind, wodurch der Laib niedrig und flach wird; Erzeugungs- und Behandlungsfehler.

b) „Landkärtler" nennt man Käse, die mit zahlreichen kreuz und quer verlaufenden Rindenrissen besetzt sind; „Froschmaul" heißt ein Rindenriß an der Kante zwischen Plattseite und Seitenfläche; auf Milch-, Erzeugungs- und Behandlungsfehler zurückzuführen.

c) Sirtenflecken, Sirtennester sind nasse, fast rindenlose, gerne zu Fäulnis neigende Stellen auf der Plattseite, auf denen sich mit Vorliebe Fliegenmaden entwickeln; Milch- und Erzeugungsfehler.

d) Schimmelfleckige, frätzige (schimmelnarbige) und krebsige Käse.

2. Fehler in der Lochung:

a) „Blinde" Käse sind solche, die infolge Mangels an gasbildenden Organismen keine oder nur ganz vereinzelte und kleine Augen haben.

b) „Nißler" oder „Preßler" nennt man solche Käse, die ganz oder stellenweise dicht durchsetzt sind mit ganz kleinen Löchern, infolge von Erzeugungsfehlern oder von unreifer als auch überreifer Milch, aber nur bei starker Infektion mit Blähungserregern hauptsächlich aus der Coli-Aerogenesgruppe.

c) Geblähte Käse nennt man solche, die dicht durchsetzt sind mit mittleren bis großen, oft nicht kreisrunden, sondern ovalen Löchern und daher ein schwammiges Aussehen zeigen. Der Geschmack der geblähten Käse ist gewöhnlich fad-süßlich, ihr Teig zähe. Ursache sind wieder Blähungserreger, die nicht nur der Coli-Aerogenesgruppe angehören, sondern auch Milchzuckerhefen und Buttersäurebazillen sein können.

d) „Randhohl" bezeichnet man solche Käse, die hauptsächlich gegen den Rand zu stark und gegen die Mitte dann meist spärlich gelocht und oft auch schüsselig eingefallen sind. Als „Blastloch" bezeichnet man ein vereinzeltes, sehr großes (bis faustgroßes) Loch, das mit Vorliebe gegen den Rand des Käses auftritt. Randhohle Käse und Blastlöcher sind ausschließlich Erzeugungsfehler.

e) „Nußschalig" nennt man solche Augen, deren Fläche nicht glatt, sondern blättrig (grubig) wie das Innere einer Walnußschale ist. Diese Erscheinung sowie das „Glanzloch", dessen Fläche anstatt matt fettigglänzend ist, treten bei sonst ganz normaler Zahl und Größe der Augen auf und sind eine besondere, aber ganz ungefährliche Form der Blähung.

3. Fehler im Teig:

a) „Gläsler" nennt man solche Käse, deren Teig von größeren und kleineren Spalten und Rissen durchsetzt ist, so daß mitunter der Käse beim Schneiden in Stücke zerfällt. Ist der Käse daneben noch „blind" (s. oben), so spricht man von einem „blinden Gläsler". Diese Gläsler haben meist feinen Teig und sehr guten Geschmack und sind häufig auf überfette Milch zurückzuführen. Durch überreife und erstickte Milch und durch Erzeugungsfehler entstehen „saure Gläsler" mit säuerlichem Geschmack und eher kurzem, sprödem Teig. Ebensolchen Teig, aber meist normalen Geschmack haben die „Nachgärungsgläsler" oder „Gläsler mit Loch", sowie auch „Gläsler unter der Rinde". Gläsler sind zum Teil durch Erzeugungsfehler und zu trockene Lagerung bedingt.

b) „Bankrot" nennt man eine rötliche Verfärbung der Rinde und des der Rinde anliegenden Teiges infolge Eindringens von Holzsaft aus vernachlässigten Stellagen und Deckeln; Geschmack meist bitter und minderwertig. Tannenholz ist hierbei gefährlicher als Fichtenholz.

c) „Stinker" sind Käse mit fauligen, hohlen Stellen im Teig und sehr üblem Geruch und Geschmack, als deren Ursache der Bacillus putrificus oft in Gemeinschaft mit Buttersäurebazillen erkannt wurde. Solche Käse sind als verdorben anzusehen.

Am Edamer nennt man den Gläsler „spältigen Käse" und starke Gläsler „Knypers".

Camembertkäse (s. S. 14).

1. Fehler in der Form und Rinde:
a) In der Mitte eingefallene Käse; Erzeugungsfehler.

b) Falsche Schimmelvegetation allein oder vermischt mit echtem Camembertschimmel: dunkelgrüne Penicillien und Cladosporien, schwarzer Mucor, auch violette Schimmelpilze, ferner wilde Hefen und zu starker Oidiumbesatz, der runzelige Rinde und darunter flüssigen Teig verursacht, kommen vor und stammen aus der Milch, aus den Verarbeitungsräumen, mitunter aus der Luft der Umgebung (z. B. durch dürres Baumlaub).

2. Als Geruchs- und Geschmacksfehler tritt auch Quargel- und Limburgergeruch und -geschmack auf.

Backsteinkäse (s. S. 17).

Bei Backsteinkäsen sind insbesondere zu erwähnen: ungleiche Größe der einzelnen Käse, „weißschmierige" Käse infolge zu kalter Reifungsräume und zu kalter Einlabung, „Auslaufen" der Käse infolge zu weicher Bereitung und zu schneller Reifung. Harte, trockene Backsteinkäse (infolge zu saurer Milch und zu schnellen Molkenablaufs) nennt man „Bocker".

Quargel (s. S. 20).

1. Schwarzwerden der Käse infolge Eisengehaltes (aus rostigen Milchkannen stammende Milch) oder Kupfergehaltes des Topfens, ferner durch schwarze Schimmelpilze, schwarze Hefen oder auch schwarzfärbende Bakterien.

2. Weiße oder weißgraue Käse, wenn sie zu wenig getrocknet und gelüftet wurden.

3. Zerfließen der Quarkkäse bei zu schneller Reifung, namentlich, wenn der Topfen zu sauer war.

Schmelzkäse (s. S. 22).

Ins Graue und Bräunliche gehende Färbung, poriger oder geblähter Teig, klebriger bis leimiger oder harter und zäher Teig; stark limburgerartiger oder scharfer und pfefferartiger Geschmack.

Produktions- und Handelsverhältnisse. Käse werden handelsüblich in folgende Qualitätsklassen eingeteilt:

I. Qualität: Käse, die allen an die betreffende Sorte zu stellenden Anforderungen in vollkommenster Weise entsprechen.

II. Qualität: Käse, die geringe Fehler in der Form, Rinde, Teigbeschaffenheit, Geruch, Geschmack und Reifungsverlauf aufweisen, aber noch leicht handelsfähig sind und den Sortencharakter noch deutlich ausgeprägt haben.

III. Qualität: Käse, deren Äußeres (Form und Rinde) auffallende Fehler aufweist oder deren Teig, Geruch, Geschmack oder Reifung deutlich und in unangenehmer Weise vom Typus der betreffenden Sorte abweicht (Ausschußware). Solche Qualitätsfehler sind z. B. deformierte Käse, stark zerstörte Rinde, mißfarbiger Teig, zäher, gummiartiger, geblähter, kurzer, bröckeliger, krümeliger Teig, unangenehmer Beigeschmack.

Verdorben sind Käse, deren Fehler im Teig, Geruch, Geschmack, in der Reifung und in der Pflege so stark sind, daß das Erzeugnis für den menschlichen Genuß nicht mehr geeignet erscheint, z. B. mit Fliegenmaden durchsetzter Teig, stark mißfarbiger oder stark geblähter Teig, widerlicher Geschmack, von wilden Schimmel- und unerwünschten Bakterienarten, z. B. Bacillus putrificus, stark durchsetzte Käse. Diese dürfen auch nicht zur Schmelzkäsebereitung verwendet werden.

Es ist oftmals handelsüblich, die Qualitätsklassen noch zu unterteilen, weil tatsächlich alle Übergänge von der einen zur anderen Qualitätsklasse vorkommen können.

Die Käse I. und II. Qualität stellen die normale Handelsware dar, Käse III. Qualität bringt der Handel unter der ausdrücklichen Bezeichnung „Ausschuß" in den Verkehr. Deformierte Käse oder solche mit größeren Rindenfehlern lassen sich mitunter noch auf Schmelzkäse (S. 22) umarbeiten.

Als unlautere Verfahrensarten sind anzusehen: Das Inverkehrsetzen von Käse mit einem geringeren Fettgehalt oder einem höheren Wassergehalt als der Bezeichnung oder der Sorte entspricht (S. 8 u. 9), irreführende Bezeichnungen, wie „Edelkäse" u. dgl. für nicht mindestens vollfette Käse von entsprechendem Geruch und Geschmack, der Mißbrauch der typischen Sortenbezeichnungen (S. 9 bis 23) zur Benennung geringwertiger Erzeugnisse, denen alle oder doch die wichtigsten Eigenschaften der betreffenden Käseart fehlen, die Unterschiebung von Margarinkäse (S. 19) an Stelle echter Käse und der Zusatz von Kartoffeln, Kartoffelmehl, Stärkemehl oder anderer nicht der Milch entstammender Stoffe [außer Lab, Kochsalz, Reinkulturen, den zur Schmelzkäseerzeugung notwendigen, unschädlichen und nicht verbotenen Salzen (S. 23), nicht verbotenen Farbstoffen, bis zu 0,1% Kalisalpeter (S. 24) und bei Sauermilchkäsen (S. 20) von höchstens 1 Prozent Soda und Kalk (S. 20), ferner von gewissen unschädlichen

Gewürzstoffen (S. 23)]. An Nachmachungen wurden außer den S. 20 erwähnten noch die Anfertigung von „Augen" auf der Schnittfläche von Hartkäse mittels eines scharfen Löffels und endlich die Herstellung von „Zigerkugeln" aus altem Graukäse (S. 22) beobachtet.

Käse aus Milch, die gesundheitsschädlich ist, eignet sich ebensowenig zum menschlichen Genuß wie Käse, der während oder nach der Bereitung mit Krankheitskeimen infiziert worden ist, sich in Fäulnis befindet oder giftige Metallverbindungen u. dgl. enthält; Spuren von Kupfersalzen, wie sie im Parmesankäse (S. 10) auftreten, kommen hiebei nicht in Betracht. Der Vertrieb von Käse mit künstlicher Rinde, die giftige Metallverbindungen, wie z. B. Bleiverbindungen oder Baryumsalze, enthält, ist unstatthaft. Unter Umständen kann verdorbener Käse schwere Vergiftungen, die sogenannten Käsevergiftungen, erzeugen, die auf die Entwicklung gewisser Bakterienarten und Anhäufung ihrer Stoffwechselprodukte zurückzuführen sind; sie ähneln klinisch den Fleischvergiftungen.

Bei jenen Käsen, welche nicht schon von der Herstellung eine stärkere Rindenschicht besitzen, ist die Verpackung wegen ihres Einflusses auf die weitere Reifung und auf die Haltbarkeit der Käse von größter Bedeutung. Auch der Einfluß der Verpackung hinsichtlich des Überganges von Stoffen aus der Verpackung auf und in den Käse kann so bedeutend werden, daß der Käse als verdorben oder gesundheitsschädlich bezeichnet werden muß. Dies wird insbesondere der Fall sein, wenn der Käse nach seiner Beschaffenheit (p_H-Wert) imstande ist, Metalle (Zinn, Blei, Antimon usw.) aus der umhüllenden Metallfolie herauszulösen. Daher ist es notwendig, entweder eine Folie zur Verpackung zu verwenden, welche frei von schädlichen Metallen ist oder, falls sie einen solchen Zusatz, z. B. von Antimon, enthält, den Käse durch eine Zwischenlage von Papier oder durch eine gesundheitlich einwandfreie Lackschichte auf der dem Käse anliegenden Seite der Metallfolie zu schützen.

Käse, welche durch das Umhüllungsmaterial oberflächlich verändert sind oder daraus gesundheitsschädliche Stoffe aufgenommen haben, sind als verdorben bzw. gesundheitsschädlich zu beurteilen.

2. Probeentnahme

Um von Käsen eine gute Durchschnittsprobe zu erhalten — sie soll mindestens 300 g wiegen —, geht man folgendermaßen vor:

Bei großen Laibkäsen nimmt man von jeder Plattseite, etwa in der Mitte zwischen Rand und Zentrum, einen, zusammen also zwei einander diametral gegenüberliegende „Böhrlinge". Bei kleineren Laibkäsen kann man einen schmalen Sektor bis zum Zentrum herausschneiden oder zwei Böhrlinge ziehen. Von klein geformten Käsen nimmt man je nach der Größe ein oder zwei Stücke in Originalpackung.

Bei Versendung und Aufbewahrung der Proben, insbesondere der Böhrlinge und Sektoren sind diese sorgfältig in Stanniol gewickelt in einem Glas oder einer Blechdose so zu verpacken, daß sie vor Licht- und Luftzutritt und dadurch vor Austrocknung und anderweitiger Veränderung geschützt sind. Als Gegenproben kommen nur frische Böhrlinge und Sektoren desselben Laibes bzw. neue Stücke kleingeformter Käse in Originalpackung desselben Erzeugungsganges in Betracht. Von Hartkäsen und größeren Weichkäsen entfernt man die Rinde, kleine Käse verwendet man zur Gänze. Weichkäse werden im Mörser homogen verrieben, Hartkäse mit dem Reibeisen oder mit der Fleischmaschine zerkleinert und gut durchgemischt. Zerkleinerte Proben sollen möglichst sofort untersucht werden, jedenfalls aber sogleich in Glas- oder Metallgefäßen vor Licht- und Luftzutritt geschützt aufbewahrt werden.

3. Untersuchung

Die Untersuchung der Käse ist vorwiegend eine chemische; dieser soll jedoch stets die Sinnenprüfung vorangehen und es wird ihr auch nicht selten eine bakteriologische Untersuchung folgen.

A. Sinnenprüfung

Diese erstreckt sich auf Aussehen, Geruch und Geschmack und läßt nicht nur die Zugehörigkeit des Käses zu einer bestimmten Art oder Qualitätsklasse (S. 28), sondern oft auch eine etwaige Verdorbenheit, Verfälschung oder Nachmachung erkennen.

B. Chemische Untersuchung

1. Wassergehalt

a) Sandmethode: Eine Schale von etwa 50 ccm Inhalt wird zu etwa einem Drittel mit gewaschenem, ausgeglühtem Seesand oder Bimssteinpulver gefüllt und nach Zugabe eines Glaspistills austariert. Dann gibt man 2 bis 3 g gut zerkleinerten Käse hinzu und wägt möglichst rasch. Hierauf werden Käse und Sand mit dem Pistill gut vermischt, die Masse im Vakuum-Trockenschrank bei 100^0 C 3 Stunden lang getrocknet und nach dem Erkalten im Exsikkator gewogen. Statt im Vakuum kann man auch im gewöhnlichen Trockenschrank bei 102 bis 105^0 C erhitzen, und zwar werden nach 5 Minuten Käse und Sand nochmals gut durchgemischt und dies zwei- bis dreimal nach je 5 Minuten wiederholt, wodurch Krustenbildung verhindert und die Wasserverdampfung gefördert wird. Nach mehrstündiger Trocknung und darauffolgendem Erkalten im Exsikkator bestimmt man den Gewichtsverlust, trocknet nochmals eine Stunde, wägt abermals nach Erkalten im Exsikkator und setzt dies so lange fort, bis zwei aufeinander folgende Wägungen um nicht mehr als 2 mg voneinander abweichen.

b) Destillationsmethode: Etwa 5 g Käse werden nach *J. Gangl*[1]) in ein Kölbchen, das 150 ccm faßt und mit leicht ansteigendem Rektifikationsbügel unmittelbar mit einem kleinen senkrecht gestellten Kühler verbunden werden kann, eingewogen, mit etwa 30 ccm Xylol versetzt und das Kölbchen mit dem Kühlrohre verbunden. Hierauf wird so erwärmt, daß etwa alle 2 Sekunden ein Tropfen übergeht. Gegen Ende der Destillation, das erreicht ist, wenn sich das Meßrohr bis zur oberen Verengung gefüllt hat, scheidet sich das Wasser klar im unteren Teile der Röhre ab. Nach kurzem Zentrifugieren ist der Trennungsstrich zwischen dem Xylol und dem Wasser ganz scharf. Da in der Erhitzungsgeschwindigkeit die Hauptfehlerquelle dieser Wasserbestimmungsmethode liegt, ist es angezeigt, kleine elektrische Heizplatten zu verwenden.

Bei Verwendung eines besonders konstruierten Käsestechers, durch den die Einwaage erspart wird, eignet sich die Methode besonders für Kontrollen in der Praxis.

c) Aluminiumbechermethode (Schnellmethode für praktische Zwecke mittels besonderer Waagen): 5 g wasserfreies und nicht ranziges Fett, das nochmals erhitzt wurde, um es sicher wasserfrei zu haben, wird mit dem Aluminiumbecher gewogen und dann 5 g gut zerkleinerter Käse zugesetzt. Das Gemenge wird über freier Flamme vorsichtig erhitzt, bis das prasselnde Geräusch des Wasserverdampfens aufgehört hat und die Käsemasse leicht gebräunt ist. Das Erhitzen muß vorsichtig geschehen, damit nicht Substanz aus dem Becher hinausspritzt. Nach dem Erkalten wird abermals gewogen und aus dem Gewichtsverlust der Wassergehalt errechnet. Bei Verwendung besonderer Waagen setzt man die zugehörigen „Reiter" auf und ermittelt bei hergestelltem Gleichgewicht den Wassergehalt, indem die Reiterablesung mit 2 multipliziert wird.

2. Fett (ätherlösliche Stoffe)

A. Die quantitative Fettbestimmung

a) Kölbchenmethode: 3 bis 5 g (auf 2 mg genau gewogen) des Käses werden in einem *Erlenmeyer*kolben, der einen gut eingeriebenen Glasstöpsel besitzt, während des Erhitzens jedoch nur mit einem Uhrglase bedeckt ist, mit 10 bis 20 ccm Salzsäure (Dichte 1,13) bis zur Lösung des Käses erwärmt und dann gut abgekühlt. Nach dem Abkühlen wird der Käseaufschluß mit 50 ccm Petroläther (Siedepunkt 50 bis 60°C) versetzt und der Stöpsel, der mit etwas verdünntem Glyzerin befeuchtet wird, sofort aufgesetzt. Nun wird unter häufigem Schütteln das ver-

---

[1]) Öst. Milchw. Ztg., 1933, 167.

schlossene Kölbchen etwa 1 Stunde bei zirka 15⁰ C gehalten. Bei entsprechender Behandlung ist nach einer Stunde alles Fett in Lösung gegangen. Nunmehr werden 25 ccm der Fettlösung in ein gewogenes Kölbchen abpipettiert, der Petroläther abdestilliert und der Rückstand im Vakuum getrocknet. Nach Erreichung der Gewichtskonstanz wird das Fett gewogen.

Das Volumen des Fettlösungsmittels wird durch die Aufnahme des Fettes vermehrt. Der tatsächliche Prozentgehalt des Fettes (x) ist nach folgender Formel von *J. Gangl*[1]) zu berechnen, wobei die Fettauswaage in Grammen mit A, die Käseeinwaage mit E bezeichnet wird:

$$x = \frac{A \cdot 4650}{E \cdot (23{,}25 - A)}$$

b) Methode von *Schmied-Bondzynski-Ratzlaff*[2]). 3 g Käse werden in ein Kölbchen gegeben (das nach *Barthel*[3]) so abgeändert ist, daß es in heißem Wasser erhitzt werden kann, ohne daß der Fuß abspringt) und gibt 10 ccm Salzsäure (spez. G. = 1,25) hinzu. Man erwärmt im siedenden Wasser- und später im Ölbad, bis aller Käse völlig gelöst ist, läßt erkalten, gibt 10 ccm Alkohol von 95 Volumprozenten dazu, schüttelt gut, fügt dann unter jedesmaligem Schütteln 25 ccm Äther und 25 ccm Petroläther (Sp. 40 bis 60⁰ C) hinzu und läßt mindestens 2 Stunden ruhig stehen. Hierauf wird die klare, von der trüben Lösung scharf getrennte Äther-Petroläther-Fettlösung bis auf 1,5 bis 2 ccm in ein gewogenes oder austariertes Kölbchen abgehebert. Man spült noch zweimal je 25 ccm Äther und Petroläther nach, hebert jedesmal wieder ab und destilliert das Lösungsmittel ab (das Destillat kann zur zweimaligen Nachspülung verwendet werden). Das zurückbleibende Fett wird bei 102 bis 103⁰ C getrocknet, gewogen und auf 100 g Käsetrockenmasse umgerechnet.

c) Butyrometrische Methode (für praktische Zwecke).

Nach *van Gulik*[4]) werden 3 g Käse zweckmäßig mit einem Glasschiffchen in das Spezialbutyrometer eingeführt, dann soviel Schwefelsäure (spez. G. = 1,50 bis 1,60) eingegossen, bis das Schiffchen bedeckt ist, hierauf im Wasserbad auf 65 bis 70⁰ C erhitzt und umgeschüttelt, bis alle Käsestückchen gelöst sind; sodann wird noch kurze Zeit erhitzt und das Butyrometer umgeschüttelt. Man fügt dann 1 ccm Amylalkohol zu und füllt Schwefelsäure bis zur Marke 35 nach, schüttelt vorsichtig, erwärmt 5 Minuten im Wasserbad, zentrifugiert 5 Minuten in der *Gerber*-Zentrifuge, die einen Heizmantel haben soll, gibt noch-

---

[1]) Privatmitteilung.
[2]) Milchzeitung 1903, 32, 65.
[3]) *Barthel*, Untersuchung von Milch u. Molkereiprodukten, 1928, 204.
[4]) Zeitschrift für Untersuchung der Nahrungs- und Genußmittel, 1910, 19, 221.

mals 5 Minuten ins Wasserbad und liest bei 65⁰ C direkt den Fettgehalt ab. Bei vollfetten Käsen gibt die Methode im allgemeinen etwas zu hohe, bei mageren etwas zu niedrige, für praktische Zwecke jedoch hinreichend genaue Resultate.

B. Nachweis fremder Fette

Die eine der Fettauswaagen von der quantitativen Fettbestimmung wird unmittelbar zur Bestimmung der Verseifungszahl verwendet. Wenn die erhöhte Verseifungszahl auf die Gegenwart von Kokosfett hindeutet, wird von der zweiten Fettauswaage die Lichtbrechung bestimmt und die Prüfung auf Kokosfett durchgeführt.

Bei erniedrigter Verseifungszahl ist es angezeigt, die zweite Fettauswaage zur Bestimmung des Gehaltes an hochmolekularen gesättigten Fettsäuren (Erdnußöl) zu verwenden. Zu dem Zwecke wird das Fett mit der zehnfachen Menge n-alkoholischer Kalilauge (90-prozentiger Alkohol) verseift und die Seifenlösung über Nacht stehen gelassen. Dann werden die schwerlöslichen Kaliseifen (auch bei reiner Butter bildet sich immer ein Niederschlag) abfiltriert und mit wenig 90-prozentigem Alkohol nachgewaschen. Die aus den Seifen isolierten Fettsäuren werden aus 90-prozentigem Alkohol umgelöst. Liegt der Schmelzpunkt der so gewonnenen Fettsäuren nach zweimaligem Umlösen über 72⁰ C, so ist die Gegenwart von Erdnußöl (auch gehärtet, nach der Höhe der Lichtbrechung) erwiesen.

Findet man mit den bei der quantitativen Fettbestimmung gewonnenen Fetten nicht das Auslangen, so wird eine entsprechende Käsemenge mit Salzsäure (Dichte 1,13) kurz aufgekocht, abkühlen gelassen, der erstarrte Fettkuchen abgehoben und auf nassem Filter mit heißem Wasser gut gewaschen. Das so gewonnene Fett wird dann nach den im Heft XIX, S. 30 ff., angegebenen Methoden auf fremde Fette geprüft.

Bei überfetten Käsen und insbesondere bei nachgefetteten Käsen, wie bei den „garnierten Liptauerkäsen"; wird das Fett durch Erhitzen des Käses über 50⁰ C direkt ausgeschmolzen und filtriert. Das Filtrat wird unmittelbar zur Bestimmung der *Reichert-Meißl*schen Zahl usw. verwendet.

3. Stickstoffhaltige Stoffe

a) Bestimmung des Gesamtstickstoffs: In 1 bis 2 g Käse wird der Stickstoff nach *Kjeldahl* bestimmt. Bei mageren Käsen empfiehlt es sich, 100 ccm 0,1 n-Säure vorzulegen. Die gefundene Menge Stickstoff gibt, mit 6,31 multipliziert, die Gesamtmenge stickstoffhaltiger Stoffe.

Wenn der Aschengehalt eines Käses bestimmt werden mußte, wird der Gehalt an stickstoffhaltigen Substanzen als Differenz des Wasser-, Fett- und Aschewertes auf 100 errechnet. Da der Aschenwert immer unter dem tatsächlichen Gehalt an anorganischen Stoffen bleibt, findet man so in der Regel für den Gehalt an stickstoffhaltigen Stoffen einen um mehrere Zehntelprozente zu hohen Wert.

b) **Reifungsgrad nach *Weigner*[1]-*Gangl*[2]**: 5 g Käse werden mit 30 ccm Methylalkohol in einer Reibschale verrieben und in einen 100 ccm-Kolben gebracht. Dann wird mehrmals (mindestens dreimal) mit wenig Methylalkohol unter Verreiben nachgespült und schließlich mit Methylalkohol bis zur Marke aufgefüllt. 10 ccm des klaren Filtrates werden dann mit 5 ccm Schwefelsäure versetzt und nach Einengen auf dem Wasserbade unter Zugabe einer Spur Kupferoxyd verbrannt. Die klare schwefelsaure Lösung wird nach dem Abkühlen mit etwa der fünffachen Menge Wasser verdünnt und in einen Mikro-Stickstoffbestimmungsapparat gebracht. Die Bestimmung des Ammoniaks erfolgt dann unter Vorlage von 10 ccm 0,1 n-Schwefelsäure und Titration mittels einer in $^1/_{100}$ ccm geteilten Mikrobürette in bekannter Weise. Als Indikator werden 2 Tropfen einer 0,1-prozentigen Methylorangelösung verwendet.

Falls keine Mikroapparatur zur Verfügung steht, werden 50 ccm des Filtrates nach *Kjeldahl* verbrannt und bei der Destillation zirka 30 ccm 0,1 n-Säure vorgelegt. Hiebei entspricht 1 ccm 0,1 n-Säure 1,40 mg Stickstoff.

Der Reifungsgrad ist dieser so gefundene Stickstoffwert, ausgedrückt in Prozenten des Gesamtstickstoffs.

c) **Bestimmung des Ammoniakstickstoffs**: 50 ccm des nach b) erhaltenen, klaren, methylalkoholischen Filtrats werden mit wenig Magnesiumoxyd versetzt und zur Hälfte direkt in vorgelegte 0,1 n-Säure (10 ccm) abdestilliert. Die Vorlage wird, wie oben, unter Verwendung von Methylorange als Indikator zurücktitriert. Eine Abspaltung locker gebundenen Stickstoffs aus Kaseinabbauprodukten tritt bei der Destillation nicht ein.

d) **Nitratstickstoff**: Einige Gramme Käse werden mit wenig Wasser angerührt und durch ein dichtes Filter filtriert. Einige Tropfen des Filtrates werden in bekannter Weise mit Diphenylaminschwefelsäure auf Nitrate geprüft. Die Reaktion wird durch die Gegenwart anderer im Käse enthaltener Stickstoffverbindungen nicht gestört.[3]

4. Nachweis stärkehaltiger Stoffe

Etwa 1 g Käse wird mit Quecksilberchlorid und Wasser kurz aufgekocht, filtriert und im Filtrat mit Jod-Jodkalium auf Stärke geprüft.

Der Nachweis kann auch mikroskopisch durch Zugabe von Jod-

---

[1] Milchwirtschaftliche Forschungen, 1926, 432.
[2] Privatmitteilung.
[3] *J. Gangl*, Privatmitteilung.

lösung zur entfetteten und mit Wasser extrahierten Probe erfolgen. Zur quantitativen Bestimmung kann das Verfahren von *Mayrhofer*[1]) dienen. Es beruht auf der Unlöslichkeit der Stärke in alkoholischer Kalilauge, in welcher alle übrigen organischen Bestandteile des Käses löslich sind.

5. Konservierungsmittel

Ungefähr 30 g Käse werden nach *Gangl*[2]) mit 30 ccm einer zirka n-Natriumkarbonatlösung unter Rühren oder Schütteln bis zur völligen Homogenisierung des Käses erhitzt. Der Käseaufschluß wird noch heiß mit je 10 ccm einer Kaliumferrozyanidlösung (150 g Kaliumferrozyanid in 1 Liter Wasser) und einer Zinksulfatlösung (300 g in 1 Liter Wasser) versetzt. Nach gutem Durchmischen des Kolbeninhaltes tritt nach ganz kurzem Erwärmen auf dem Wasserbade klare Abscheidung des Kaseins ein. Noch heiß wird durch ein Faltenfilter filtriert — das abgeschiedene Kasein ist körnig und leicht filtrierbar — und mit etwas heißem Wasser nachgewaschen.

In einem kleineren Teil des Filtrates wird, wie weiter unten beschrieben, auf Borsäure und Formaldehyd geprüft. Der Hauptteil des klaren Filtrates wird mit Schwefelsäure angesäuert, gekühlt und mit Äther ausgeschüttelt. Die mehrmals gewaschene und filtrierte ätherische Lösung wird unter Zusatz von einigen Tropfen Ammoniak auf dem Wasserbade bis zur Trockene eingedampft. Der Rückstand wird zur Prüfung auf Salizylsäure, Benzoesäure usw. verwendet.

Der qualitative Nachweis der Konservierungsmittel erfolgt in folgender Weise:

a) *Borsäure*

Etwa 5 ccm des Filtrates werden in einem Schälchen abgedampft, der Rückstand wird mit einigen Tropfen verdünnter Salzsäure versetzt. Mit der salzsauren Lösung wird ein Streifen Kurkuminpapier befeuchtet und auf dem Wasserbade getrocknet. Ein rotbrauner Fleck, der beim Betüpfeln mit 1-prozentiger Natronlauge blau- bzw. grünschwarz wird, ist beweisend für die Gegenwart von Borsäure. Bei Zwischenfärbungen ist der Ausfall der Flammenreaktion (Grünfärbung) ausschlaggebend.

b) *Formaldehyd*

(Formaldehyd und solche Stoffe, die Formaldehyd abspalten)

5 ccm des Filtrates werden mit 2 ccm frischer Milch gemischt, mit 1 Tropfen einer Eisenchloridlösung versetzt und mit Schwefelsäure unterschichtet. Die Bildung eines violetten Ringes weist auf Formaldehyd hin. Auch kann man 5 ccm des Filtrates mit 1 Tropfen

---

[1]) Zeitschrift f. Untersuchung der Nahrungs- und Genußmittel, 1901, 4, 1101.
[2]) Privatmitteilung.

einer 1-prozentigen Phenollösung versetzen und mit konzentrierter Schwefelsäure unterschichten. Bei Anwesenheit von Formalin entsteht an der Berührungsfläche eine karmoisinrote Schichte.

c) Salizylsäure

Ein Teil des aus dem Filtrat mit Äther gewonnenen Rückstandes wird in 1 ccm Wasser gelöst und mit 1 Tropfen einer 0,5-prozentigen Ferrichloridlösung versetzt. Eine Violettfärbung der wässerigen Schichte zeigt Salizylsäure an.

d) Benzoesäure

Ein Teil des Rückstandes wird nach *Mohler*[1]-*Großfeld*[2]) mit 0,1 g Kaliumnitrat und 1 ccm konz. Schwefelsäure 20 Minuten im siedenden Wasserbade erhitzt, abgekühlt und mit 2 ccm Wasser verdünnt. Nach nochmaligem Abkühlen setzt man 5 ccm Äther hinzu, schüttelt kräftig durch, trennt die Ätherlösung in einem kleinen Scheidetrichterchen ab, wäscht sie mit einigen Tropfen Wasser, dampft sie in einem Reagensglase auf dem Wasserbade ab, versetzt den Rückstand mit 2 bis 3 Tropfen Ammoniak und mit einem Kriställchen Hydroxylaminchlorhydrat, erhitzt einige Sekunden unter Schütteln in einem siedenden Wasserbad, kühlt ab und verdünnt mit zirka 5 Tropfen Wasser. Eine Rotfärbung der Lösung zeigt Benzoesäure an. Salizylsäure gibt die gleiche Reaktion. Ihre Abwesenheit ist daher vorher, wie oben angegeben ist, festzustellen. Man kann auch einen Teil des Rückstandes mit etwas Wasser aufnehmen und mit je 3 Tropfen einer 1-prozentigen Ferrichloridlösung, einer 0,3-prozentigen Wasserstoffsuperoxydlösung und einer 3-prozentigen Ferrosulfatlösung versetzen. Bei Anwesenheit von Benzoesäure tritt eine violette Färbung auf.

e) Para-Chlorbenzoesäure

Ein Teil des Rückstandes wird mit wenig reinem Kaliumnitrat ganz kurz verglüht, mit Wasser aufgenommen und nach dem Ansäuern mit Salpetersäure mit Silbernitrat auf Chlor-Ion geprüft. Die quantitative Bestimmung der Chlorbenzoesäure erfolgt nach dem Destillationsverfahren nach *Vieböck*.[3])

f) Para-Oxybenzoesäure und deren Ester

Ein Teil des Rückstandes wird mit 1 ccm einer Quecksilbersulfatlösung (5 g Quecksilberoxyd + 20 ccm konz. Schwefelsäure + 100 ccm

---

[1]) Zeitschrift für Untersuchung der Nahrungs- und Genußmittel, 1910, 19, 142.
[2]) Ebenda, 1915, 30, 271.
[3]) Ber. d. deutsch. chem. Gesellsch., 65, 493 u. 586.

Wasser bis zum beginnenden Sieden erhitzt, wobei eine klare Lösung entsteht) genau 2 Minuten im Wasserbade erhitzt, abgekühlt und mit einem Tropfen 2-prozentiger Nitritlösung versetzt. Bei größerem Gehalt entwickelt sich sofort, bei geringerem nach einigen Sekunden eine deutliche Rötung, die nach 3 bis 5 Minuten ihr Maximum erreicht und mehrere Stunden bestehen bleibt. Der positive Ausfall ist durch Schmelzpunktbestimmung der isolierten Säure zu bestätigen.

Die quantitative Bestimmung der Ester erfolgt mit Hilfe einer Methoxylbestimmung. Die Trennung der Ester und deren Nachweis neben p-Oxybenzoesäure wird nach *Fellenberg*[1]) durchgeführt.

6. Mineralstoffe

Die Asche des Käses enthält neben Kochsalz in der Hauptsache nur phosphorsauren Kalk; fremde mineralische Beimengungen lassen sich daher in ihr nach den allgemein gebräuchlichen Methoden der analytischen Chemie unschwer nachweisen und bestimmen.

7. Nachweis von Eisen und Kupfer

a) Bei Labkäsen. Eine kleine Käsemenge wird in weißer Porzellanschale mit eisenfreier Salzsäure verrieben und mit einigen Tropfen einer Lösung von gelbem Blutlaugensalz betupft. Bei Gegenwart von Eisen wird die betupfte Stelle hellblau, bei Gegenwart von Kupfer hingegen rot. Wenn beide Metalle vorhanden sind, wird die Reaktion undeutlich und in diesem Falle empfiehlt sich die Prüfung der Asche des Käses nach den Methoden der analytischen Chemie.

b) Bei Quarkkäsen. Die Prüfung auf Eisengehalt erfolgt 1. nach *Schäffer*[2]) mit 20 g Quark, der mit 20 g Ammoniak (spez. G. = 0,96) gut durchgemischt wird, bis die Masse glasig durchscheinend wird. Dann fügt man einige Tropfen Schwefelammonium hinzu und mischt nochmals durch. Nach etwa 10 Minuten zeigt sich je nach der Höhe des Eisengehaltes eine mehr oder weniger starke Schwarzfärbung (Vergleich mit einer Farbenskala). 2. Rhodanammonium erzeugt mit eisenhaltigem Quark, der zuerst mit Wasser breiig gerührt wurde und dem etwas Salzsäure (spez. G. = 1,19) zugesetzt wurde, eine deutliche Rotfärbung (Probe und Skala nach *Butenschön*[3]), während mit Ferrozyankali bei gleichermaßen vorbehandeltem, aber kupferhaltigem Quark eine Braunfärbung entsteht.

---

[1]) Mitteilungen a. d. Gebiete der Lebensmitteluntersuchung und Hygiene, Bern, 1930, 23, 111.

[2]) Milchwirtsch. Zentralblatt 1909, 5, 425.

[3]) *Roeder, G.*, Untersuchungen in der Sauermilchkäserei. Verlag Molkerei-Zeitung Hildesheim, 1930.

8. Die Untersuchung der Zinnfolien

a) **Bestimmung des Bleigehaltes:**

Diese Bestimmung erfolgt zweckmäßig nach *Schacherl*[1]) (siehe Heft XIII, S. 46).

b) **Bestimmung des Antimongehaltes:**

Etwa 1 g der Folie wird[2]) in einem kurzhalsigen 300 ccm-Rundkolben mit etwa 25 ccm konz. Schwefelsäure versetzt. Unter Einleiten von trockener Kohlensäure wird der Kolben langsam angewärmt. Nach Beendigung der rasch eintretenden Hauptreaktion wird weiter erhitzt, bis der Belag (Schwefel), der sich etwa an der Wand des Kolbens abgesetzt hat, verschwunden ist. Zu dem Zwecke muß die Schwefelsäure etwa 2 Minuten im Sieden erhalten werden. Da sich in der schwefelsauren Lösung viel Zinnsulfat abgeschieden hat, ist ein direktes Erhitzen des Aufschlusses wegen des heftigen Stoßens nicht möglich. Durch Einleiten von Kohlensäure kann das Stoßen hingegen vollkommen vermieden werden. Außerdem wird eine teilweise Oxydation des dreiwertigen Antimons durch den Luftsauerstoff dadurch mit Sicherheit hintangehalten. Nach dem Abkühlen wird der Aufschluß mit 50 ccm Wasser und 15 ccm konz. Salzsäure (Dichte 1,19) versetzt und auf dem Wasserbade bis zur vollständigen Lösung erwärmt. Eine manchmal eintretende, leicht grünlichgelbe Verfärbung der Lösung beeinflußt das Ergebnis der Titration nicht und kann vernachlässigt werden. Noch heiß (etwa 70⁰ C) wird die Lösung mit 0,1 n-Kaliumbromatlösung titriert. Zur Erhöhung der Genauigkeit sind hiezu Mikrobüretten zu verwenden, die in $1/100$ ccm geteilt sind. Als Indikator wird 1 Tropfen einer 0,1-prozentigen Methylorangelösung verwendet. Der Bromverbrauch dieser Indikatormenge wird im Leerversuch festgestellt. Der Zusatz der Bromatlösung erfolgt tropfenweise unter lebhaftem Schütteln des Kolbens. Der Endpunkt der Titration ist dann erreicht, wenn die Lösung vollständig farblos geworden ist.

1 ccm 0,1 n-Bromatlösung = 6,09 mg Antimon.

Nach der angegebenen Methode wird ein eventueller Gehalt an Eisen und Arsen als Antimon mitbestimmt. Da diese beiden Metalle in Folien selten in einer Menge vorhanden sind, die 0,02% überschreitet und somit auch der hiedurch bedingte Fehler innerhalb der Fehlergrenze der Methodik bleibt, wird es in der Regel nicht notwendig sein, den Arsen- und Eisengehalt der Folien gesondert zu bestimmen.

c) Mit **Nitrolack** behandelte Folien geben, mit Diphenylamin-Schwefelsäure betupft, einen blauen Ring.

---

[1]) Archiv für Chemie und Mikroskopie, 1910, 45.
[2]) *J. Gangl* u. *F. Becker*, Milchwirtsch. Forschungen, 1933, 15, 281.

C. Bakteriologische Untersuchung

Diese hat den Zweck, die Keimzahl und die Art der Mikroorganismen besonders bei Käsefehlern und bei gesundheitsschädlichen Käsen, festzustellen. Die Methoden sind im allgemeinen dieselben, wie sie bei der Untersuchung von Milch und Milchprodukten in Anwendung kommen. Als Nährböden kommen in Betracht: Milch, Molke (geschottet und ungeschottet), Molkenagar, Molkengelatine (beide mit besonderem Peptonzusatz), Milchagar, Milchzuckergelatine und Milchzuckeragar, diese beiden ohne und mit Zusatz von präzipitiertem kohlensaurem Kalk, ferner Kaseinnährböden nach *Boeckhout* und *de Vries*[1]), Kaseinagar nach *Frazies* und *Rupp*[2]), Kalziumkaseinatagar nach *Klimmer*[3]). Da die Bakterien im Käse ungleich verteilt sind, nimmt man unter sterilen Kautelen von mehreren Stellen des Käses kleinere Proben, die mit sterilem Glasstab in sterilen Flüssigkeiten wie Wasser, physiologischer Kochsalzlösung, Bouillon, saurer Bierwürze so gut als möglich verrührt und vermischt werden. Anreicherungen können in Molke mit verschiedenen Zusätzen (Peptonmolke), angesäuerter Milch, usw. erfolgen.

1. Die Keimzählung. Weil sich die Käsemasse, insbesondere die frische, oft nur schwer und unvollkommen löst, haften der Keimzählung im Käse gegenüber der in homogenen Flüssigkeiten stets gewisse Mängel an. Zu beachten ist, daß die Keimzahl normalerweise sehr groß ist und daher schon durch die notwendigen starken Verdünnungen deren Bestimmung gewisse Schwierigkeiten bereitet und daß das Innere der Käse, insbesondere der Hartkäse, eine kleinere Keimzahl aufweist als die äußeren Schichten und die Rinde, die bei schmierigen Weich- und Sauermilchkäsen Keimzahlen von mehreren Milliarden ergibt. Zur Feststellung der Verteilung der Mikroorganismen macht *Troili-Peterson*[4]) Mikrotomschnitte von mit Alkohol gehärtetem Käse, welche Schnitte direkt gefärbt und unter dem Mikroskop untersucht werden.

2. Bei der Feststellung der Art und der physiologischen Eigenschaften der Mikroorganismen ist auf die verschiedenen Reifestadien des Käses Rücksicht zu nehmen und es sind daher der Kern, die Rindenschicht und die Rinde getrennt zu beurteilen. Neben Bakterien wird man in den ersten Stadien der Reifung immer große Mengen verschiedener hefeartiger Pilze, Oidien, auch Schimmelpilze finden. Auf die säurebildenden und alkalibildenden Bakterien, sowie die Acidoproteolyten, die sporenbildenden und anaeroben Bakterien ist besonders Rück-

---

[1]) Zentralblatt für Bakteriologie, II, 1906, 15, 327.
[2]) Journ. of Bact., 1928, 16, 57.
[3]) *Winkler*, *Grimmer* und *Weigmann*, Handb. d. Milchwirtschaft, II, 2, 432.
[4]) Ebenda, S. 422 (aus Ztlbl. f. Bakt., II. Abt., 1904, 11, 207).

sicht zu nehmen, ebenso auf Krankheitskeime. Bei der Prüfung der einzelnen Arten von Käsebakterien auf physiologische Wirkung wird hauptsächlich die Eiweißlösung, die Säurebildung und die Fettzersetzung zu ermitteln sein.

Die **Eiweißlösung** (Proteolyse) wird am raschesten erkannt auf Milchagar. Er wird bereitet, indem man kurz vor der Verwendung in geschmolzenen Nähragar mit 2 % Milchzucker so viel sterilisierte Magermilch ($^1/_2$ bis 1%) schüttet, daß der Agar trüb, jedoch nicht weiß erscheint. Die Plattenkulturen, Strich- und Stichkulturen mit diesem Agar werden bei verschiedenen Temperaturen, gewöhnlich bei 30 bis 40° C, gehalten und erzeugen hiebei die proteolytischen Bakterien helle Höfe um ihre Kolonien.

Die **Säurebildung** ist auf 2- und 4-prozentigem Milchzuckeragar mit Zusatz von präzipitiertem, kohlensaurem Kalk besser zu erkennen und zu bearbeiten als auf Chinablau-Agar. Für die Erkennung der **Fettzersetzung** eignet sich am besten die Tröpfchen- oder Federstrich-Kultur nach *Henneberg*[1]). Man nimmt dazu jedoch nicht reine Vollmilch, sondern halb Vollmilch, halb Magermilch und beobachtet dann mikroskopisch die Veränderungen an den Fettkügelchen bzw. die Ausscheidung der Fettsäurekristalle. Eine andere Methode ist jene von *Eijkman* mit Rinderfettagar, wobei die fettspaltenden Organismen weißliche Trübungen in der darunterliegenden Fettschichte infolge Bildung von Kalkseifen erzeugen.

Zur Isolierung der Milchsäurelangstäbchen aus Käse empfiehlt es sich, zunächst eine Anreicherung in sterilisierter Milch vorzunehmen, die man mit $^1/_2$ Prozent Essigsäure versetzt hat. Darin wird die betreffende Käseprobe fein verteilt und die Milchprobe dann bei 30 und 40° C einen bis mehrere Tage stehen gelassen. Die Isolierung aus dieser Anreicherung erfolgt in 2-prozentigem Milchzuckeragar, doch muß der Agar ziemlich weich (höchstens 1-prozentig) sein und in dicker Schicht gegossen, bzw. die Kulturschicht mit einer zweiten Agarschicht überdeckt werden. Noch besser wachsen gewisse Langstäbchen, wenn der Agar neben Milchzucker auch Galaktose, Dextrose und Maltose enthält.

Zur Isolierung von Propionsäurebakterien wird zuerst eine Anreicherung in 1-prozentiger Kalziumlaktat-Pepton-Bouillon vorgenommen. Für die Weiterzüchtung der Propionsäurebakterien muß der Nährboden Kalziumlaktat oder Hefeextrakt enthalten.

An Krankheitskeimen wurden in Käse festgestellt: Tuberkelbakterien, Typhus- und Paratyphusbakterien, Choleravibrionen, Erreger des Schweinerotlaufes. Während Tuberkelbakterien auch erst nach zwei Monaten zugrunde gehen, werden die übrigen Krankheitskeime in wenigen Tagen durch den Säuerungs- und Reifungsprozeß

---

[1]) Handbuch d. Gärungsbakteriologie, 2. Aufl., Bd. I, 429.

vernichtet,[1]) mit Ausnahme des Schweinerotlauferregers, über dessen Lebensdauer im Käse nichts Genaues bekannt ist. Es ist anzunehmen, daß alle in Milch gefundenen Krankheitserreger auch im Käse vorkommen können, jedoch fehlen hierüber noch eingehendere Untersuchungen.

4. Beurteilung

Als gesundheitsschädlich ist Käse zu beurteilen, der mit Krankheitskeimen infiziert ist (S. 40) oder aus ebensolcher oder sonst gesundheitsschädlicher Milch hergestellt wurde (S. 29), Käse, der in der Rinde oder im Teig giftige Metallverbindungen enthält (S. 29), mit der auf S. 29 angeführten Einschränkung für den Parmesankäse, Typus Lodigianer, ferner Käse, der unzulässige Konservierungsmittel (S. 23) oder gesundheitsschädliche Farbstoffe enthält, verfaulter oder von schädlichen Schimmelpilzen (z. B. Aspergillus niger) befallener Käse, in ekelerregender Weise von Fliegenmaden, Milben usw. durchsetzter oder sonstwie in ekelerregender Weise verunreinigter Käse, endlich Käse zu bezeichnen, dem bei der Herstellung usw. gesundheitsschädliche oder solche Mittel zugesetzt wurden, deren Unschädlichkeit nicht erwiesen ist. Auch durch Überreife verdorbener Käse kann gesundheitsschädlich sein.

Als verdorben ist solcher Käse zu bezeichnen, der einen oder mehrere der auf S. 24 bis 27 genannten Mängel in so starkem Grade besitzt, daß er für den menschlichen Genuß ungeeignet erscheint, ferner Käse, der mehr als 0,1% Kalisalpeter enthält (S. 24) oder einen größeren, geschmackstörenden Gehalt an Natron- oder Kalksalzen enthält.

Als Verfälschung ist zu betrachten: Der Zusatz von Kartoffeln, Kartoffelmehl, Stärkemehl und anderen nicht aus der Milch stammenden Stoffen (ausgenommen: Lab, Kochsalz, nicht verbotene Farbstoffe, Kulturen nützlicher Bakterien, unschädliche Gewürze, bis zu 0,1% Kalisalpeter, andere unschädliche, nicht verbotene, die Erzeugung unterstützende oder die Reifung befördernde Mittel), weiters Schafkäse, der nicht ausschließlich aus Schafmilch erzeugt wurde, ferner Ausschuß- und Margarinkäse ohne entsprechende Bezeichnung. Verfälscht ist auch Käse mit einem höheren Wassergehalt als der Sorte entspricht (S. 8), endlich auch „garnierter Liptauer", dem statt oder neben Brinsenkäse geringwertige Ersatzstoffe zugesetzt wurden (S. 19).

Nachmachung wird bei Käse nur selten beobachtet (S. 29).

Als falsch bezeichnet zu beurteilen ist Käse, der einen geringeren Fettgehalt besitzt als der Kennzeichnung entspricht (S. 9), Yoghurtkäse u. ä. (s. S. 20), welche die entsprechenden Bakterien nicht

---

[1]) Typhusbakterien sterben in stark sauren Käsen schon in 1 bis 2 Tagen ab, in mildem Gervaiskäse wurden sie bis zum 24. Tage lebend gefunden.

enthalten, ebenso der Gebrauch einer Sortenbezeichnung zur Benennung eines Erzeugnisses, dem alle oder doch die wichtigsten Eigenschaften der betreffenden Käsearten fehlen (S. 28). Auch eine nicht wahrheitsgetreue Angabe des Herkunftslandes oder (bei Schmelzkäse) der Ursprungskäsesorte (S. 23) stellt eine falsche Bezeichnung dar. Yoghurtkäse u. ä. (s. S. 20), welche die entsprechenden Bakterien nicht in lebender Form enthalten, sind als minderwertig zu beurteilen, ebenso Käse, der ein Übermaß an sich unschädlicher Gewürze enthält.

5. Regelung des Verkehres

A. Rohmaterial. An die Beschaffenheit des Rohmateriales, der Milch, müssen besonders für die Erzeugung des Emmentalerkäses, der fetten Rundkäse und Groyer, sowie der feinen Weichkäse höhere Anforderungen gestellt werden als wie an gewöhnliche Konsummilch, die nur unter gewissen günstigen, natürlichen und wirtschaftlichen Voraussetzungen (Futterverhältnisse, Milchreichtum und landwirtschaftliche Betriebsgröße des Erzeugungsgebietes, anerzogene Reinlichkeit) und durch Einhaltung bestimmter Vorschriften über Fütterung, Stallordnung, Melken und Milchbehandlung erfüllt werden können. Es wird auch Käse aus pasteurisierter Milch unter Anwendung entsprechender Reinkulturen hergestellt.

B. Erzeugungs- und Lagerräume. Dort, wo Käse für den Markt und nicht ausschließlich für den Eigenbedarf des Milchproduzenten erzeugt werden, muß peinliche Reinlichkeit herrschen und sollen die Betriebsräume auch so angelegt sein, daß sie leicht rein zu halten und gut zu lüften sind, daß alle Abwässer des Betriebes klaglos abgeführt werden können, ohne daß in die Betriebsräume faulige Gerüche zurückströmen und daß alle Arbeitsverrichtungen des Personales gefahrlos vollzogen werden können.

C. Verpackung und Transport. Die Verpackung soll derart sein, daß der Käse vor großen Temperaturschwankungen, vor der Einwirkung von Feuchtigkeit und unangenehmen Gerüchen geschützt ist. Das Packmaterial soll keinerlei schädlichen Einfluß auf die Käse ausüben. Der Transport soll sich rasch und schonend sowohl hinsichtlich der Erschütterung als auch hinsichtlich der Sonnenbestrahlung und Beregnung abwickeln, was insbesondere beim Umladen der Käse zu beachten ist.

D. Abgabe an die Verbraucher. Für Käse ist ein bestimmter Fettgehalt der Trockenmasse ein charakteristisches Sortenmerkmal (siehe Beschreibung der einzelnen Käsesorten) und dürfen diese Sorten mit weniger als dem charakteristischen Fettgehalt der Trockenmasse nicht in Verkehr gebracht werden. Solche Käse, für die verschiedener Fettgehalt handelsüblich ist, müssen in deutlich augenfälliger Weise sowohl auf der Verpackung oder auf dem Käse selbst als auch auf der Faktura Angaben über den Fettgehalt der Trockenmasse tragen bzw. als einer bestimmten Fettgehaltsklasse angehörig gekennzeichnet sein.

Käse, die unter Phantasienamen und Markennamen in den Handel kommen, müssen neben diesem Namen noch eine Bezeichnung tragen, die angibt, zu welcher Käsesorte sie gehören.

Im Kleinverkauf ist sowohl bei der Lagerung der Ware als auch beim Verschleiß selbst auf ebenso große Reinlichkeit zu achten wie bei der Erzeugung. Käse soll vor direkter Sonnenbestrahlung geschützt und von anderen stark riechenden Nahrungs- und Genußmitteln nach Möglichkeit stets getrennt gehalten sein. Käsevorräte sollen nicht zu feucht und nicht zu trocken, aber rein lagern. Beim Verschleiß solcher Käse, die im Ausschnitt abgegeben werden, soll die Schnittfläche vor jeglicher Verunreinigung durch Fliegen und vor Austrocknung in zweckmäßiger hygienischer Weise geschützt werden. Käse, der aus offenen Gefäßen kleinweise ausgewogen wird, ist in gleicher Weise zu schützen und das Herausnehmen aus den Gefäßen soll mit Löffeln oder Schöpfern aus Porzellan, Horn, Zelluloid oder Hartholz erfolgen. Zur unmittelbaren Umhüllung des Käses darf, soweit nicht ohnehin Originalverpackung vorliegt, nur reines Papier Verwendung finden.

6. Verwertung des beanstandeten Käses

Gesundheitsschädlicher und verdorbener Käse ist zu vernichten, falsch bezeichneter Käse kann unter richtiger Bezeichnung wieder in den Verkehr kommen. Verfälschte Ware wird, sofern es sich nur um kleine Mengen handelt, zweckmäßig ebenfalls vernichtet, größere Mengen lassen sich aber als Futtermittel oder zur Herstellung solcher, ferner gelegentlich in der Industrie (zum Beispiel zur Bereitung von Klebemitteln, gewisser Farben usw.) verwerten.

XLIII.

Margarinkäse

Die auf den Verkehr mit Margarinkäse bezughabenden Rechtsnormen sind bereits bei „Käse", Heft XLII, S. 1 angeführt.

1. Beschreibung

Margarinkäse sind im Sinne des § 1 des Gesetzes vom 25. Oktober 1901, RGBl. Nr. 26 ex 1902,[1]) jene dem Käse ähnlichen Erzeugnisse, deren Fettgehalt nicht ausschließlich der Milch entstammt. Es gehören hieher nicht nur die aus Magermilch unter Zusatz fremder, d. h. nicht ausschließlich der Milch entstammender Fette bereiteten wirklichen Margarinkäse, sondern auch gewöhnliche Käse, die solches fremdes Fett irgendwelcher Art und Menge enthalten.

Produktions- und Handelsverhältnisse. Die Herstellung von wirklichem Margarinkäse spielt bei uns nur eine untergeordnete Rolle und selbst diese mehr für Zwecke der Ausfuhr als für den inländischen Verbrauch. Von Waren der zweiten Type ist der mit fremdem Fett versetzte Brinsenkäse (garnierter Liptauer, s. S. 19) zu erwähnen, den man häufig ohne die vom Margaringesetz vorgeschriebenen Kennzeichen in steigender Menge im Verkehr antrifft. Das erste dieser Kennzeichen ist der richtige Name im Sinne der Verfügung, daß Margarinkäse nur in der seiner wirklichen Beschaffenheit entsprechenden Bezeichnung, also als „Margarinkäse" in Verkehr gebracht werden darf (§ 2 des Margaringesetzes). In öffentlichen Bekanntmachungen, dann in Schlußbriefen, Rechnungen, Frachtbriefen und sonstigen im Handelsverkehr üblichen Schriftstücken, die sich auf Lieferung von Margarinkäse beziehen, hat nur diese Warenbezeichnung Verwendung zu finden (§ 10). Als zweites Kennzeichen bestimmt das Margaringesetz (§ 4 des Gesetzes und Artikel I der Durchführungsbestimmungen), daß die Fette und Öle, die bei der Erzeugung von für den Handel im Inland bestimmten Margarinkäse zur Verwendung kommen, einen Zusatz von Sesamöl erhalten müssen. Dieser Zusatz hat auf je 100 Ge-

---

[1]) Abgedruckt in: Das österr. Lebensmittelbuch, II. Aufl., Heft XI und XII, S. 53 ff.

wichtsteile der angewendeten Fette und Öle bei Margarinkäse mindestens 5 Gewichtsteile zu betragen. Das Sesamöl ist beim Vermischen oder Umschmelzen der Fette hinzuzufügen und muß bestimmte Reaktionen zeigen. An Stelle von Sesamöl kann (s. S. 1) auch ein Zusatz von 2 g Dimethylamidoazobenzol auf 100 kg der angewendeten Fette verwendet werden. Hinsichtlich der äußeren Kenntlichmachung von Margarinkäse finden folgende Bestimmungen Anwendung: „Die im gewerbsmäßigen Kleinhandel oder Einzelverkaufe von Margarinkäse zu verwendenden Papierumhüllungen müssen in der Mitte mit einem mindestens 2 cm breiten, geradlinigen, roten Streifen versehen sein, der die am weitesten voneinander entfernten Ränder ohne Unterbrechung verbindet" (§ 9) und: „Soll Margarinkäse im Groß- oder Kleinverkehr in regelmäßigen Stücken verkauft oder feilgehalten werden, so müssen diese von Würfelform sein. Auch muß den Würfeln die Inschrift „Margarinkäse" eingeprägt sein" (Artikel III der Durchführungsbestimmungen).

2. Probeentnahme

Die auf S. 29 gegebenen Vorschriften haben auch für Margarinkäse sinngemäße Anwendung zu finden.

3. Untersuchung

Die Untersuchung des Margarinkäses unterscheidet sich von der des Käses nur insofern, als beim Margarinkäse nicht selten die Identifizierung und quantitative Bestimmung der vorhandenen Fettarten, besonders die des Sesamöls gefordert wird. Zum Nachweis des Sesamöls werden zweckmäßig 10 ccm Käsefett verwendet, da der vorgeschriebene Zusatz von Sesamöl bei Margarinkäse nur 5% beträgt. Auch wäre die mögliche Verwendung anderer Kennzeichnungsmittel für Margarinkäse gemäß der auf S. 1 genannten Verordnung zu beachten. Da bei Margarine ein Zusatz von 0,2% Benzoesäure zulässig ist, muß ein etwaiger Gehalt des Margarinkäses an Benzoesäure berücksichtigt werden.

4. Beurteilung

Was über die Beurteilung des Käses als gesundheitsschädlich verdorben, verfälscht oder minderwertig auf S. 41 gesagt worden ist, gilt mit den durch die abweichende Natur der Ware bedingten Einschränkungen auch für Margarinkäse. Im übrigen hat sich der Gutachter an die einschlägigen Bestimmungen des Margaringesetzes anzulehnen und demgemäß in Fällen des Vorliegens einer falschen Bezeichnung des Margarinkäses auf die §§ 1 und 16, Abschnitt 4, beim Vorkommen von Margarinkäse ohne den vorgeschriebenen Zusatz von Sesamöl oder Dimethylamidoazobenzol auf die §§ 4 und 16, Abschnitt 3, eventuell auch auf § 17 und bei Verstößen wider die Kennzeichnungsvorschriften auf die §§ 9 und 16, Abschnitt 5, eventuell auch auf § 17 zu verweisen.

5. Regelung des Verkehres

Außer den allgemeinen Gesichtspunkten für die Regelung des Verkehrs mit Käse, die auf S. 42 entwickelt wurden, deren Beachtung sich auch für den Margarinkäse empfiehlt und auf die daher ausdrücklich verwiesen sei, gibt es gesetzliche Bestimmungen für den Verkehr mit Margarinkäse (s. S. 1) in Form gewisser Vorschriften, die sich auf die Herstellung und den Vertrieb des Margarinkäses beziehen.

A. Produktion. Wer Margarinkäse gewerbsmäßig herstellen will, hat die in den §§ 5, 6 und 13 des Margaringesetzes festgesetzten Schritte zu tun und die betreffenden Verpflichtungen zu übernehmen. Für die Erzeuger von Margarinkäse, der zur Ausfuhr oder zur Weiterverarbeitung in inländischen Margarinfabriken bestimmt ist, trifft § 11 des Gesetzes und Artikel IV der Durchführungsbestimmungen besondere Verfügungen. Von der Anbringung deutlich leserlicher, nicht verwischbarer Inschriften in den Herstellungs-, Aufbewahrungs- und Verpackungsräumen handelt § 8 des Gesetzes und Artikel II der Durchführungsbestimmungen.

B. Lagerung und Abgabe an die Konsumenten. § 5 spricht das Verbot des Hausierhandels mit Margarinkäse aus, § 7 ordnet die räumliche Trennung des Verkaufes von Käse und Margarinkäse an.

6. Verwertung des beanstandeten Margarinkäses

Beanstandeter Margarinkäse ist technisch zu verwerten.

Experten: Kom.-Rat *Eduard Bloch*, *Josef Immler* † (Salzburg), *Severin Krumpholz*, Direktor *Adolf Poppe* (Genossenschaftsmolkerei Mank), Direktor *Adolf Richter* (Käserei „Sofli"), *H. Roemer* (Verband der Schachtelkäse-Fabrikanten), *Rudolf Titsch* (Buttergroßhandlung), Kom.-Rat *Josef Wild* (in Fa. Gebr. Wild, Wien).

Mittlere Zusammensetzung der wichtigsten Käsesorten

Name des Käses	Wasser	Fett	N-hältg. Substanz	Asche (einschl. NaCl)	Fett in d. Trockenmasse
	in Prozenten				
Backsteinkäse, vollfett	45	29	23	3,5	52
Backsteinkäse, ³/₄-fett	55	18	25	3,5	39
Backsteinkäse, ¹/₂-fett	60	10	27	3,8	26
Backsteinkäse, ¹/₄-fett	61	7	28	3,7	18
Backsteinkäse, mager	63	4	27	3,3	11
Bel Paese (Tiroler Gold, Landlkäse)...	51	25	19	4,0	51
Briekäse u. Coulommier	50	26	19	4,5	52
Brinsen (ungemischt)	43	28	23	5,7	49
Camembert	49	25	22	3,8	51
Cheddar	34	32	27	3,7	48
Chester	34	32	29	5,0	48
Dessert- und Delikatessekäse	54	20	21	4,4	43
Edamer	38	25	31	6,0	40
Emmentaler u. Rundkäse, vollfett	34	31	30	5,0	46
Formaggio Salame	44	27	24	4,0	48
Frühstückskäse	68	3	24	4,8	10
Gervais	59	26	14	0,6	63
Gorgonzola	40	30	25	5,3	50
Gouda	43	27	27	3,5	45
Groyer, vollfett	39	26	30	4,5	43
Groyer, ¹/₂-fett (Mischling)	48	15	27	—	31
Imperial, fett	50	33	18	2,5	66
Imperial, ³/₄-fett	58	16	22	3,0	38
Kräuterkäse	48	5	37	10,0	10
Magere Laibkäse	50	6	40	3,7	12
Mondseer, fett (Münsterkäse)	46	25	18	4,0	44
Olmützer Quargel	50	5	39	6,0	10
Parmesan, Reggianer	31	28	34	6,7	40
Parmesan, Lodigianer	32	19	40	6,3	28
Romadur, vollfett	56	15	25	3,5	34
Roquefort	32	33	29	5,0	49
Tilsiter, vollfett	41	28	26	4,8	48
Tilsiter, ¹/₂-fett	50	16	28	6,0	32
Tiroler Graukäse, Vorarlberger Sauerkäse	54	5	38	2,5	10
Topfen (Speise-)	75	1	21	0,5	4
Ziger	68	5	20	3,3	15

LABORATORIUM M. GROLL

Teleph. U 21-3-96 • Wien I, Schottenring 28 • Gegründet 1909

Reinkulturen für Yoghurt, Acidophilus, feine Sauermilch, Rahm, Butter und sämtliche Käsearten • Molkerei- und Käserei-Hilfsstoffe

Verlag von Julius Springer in Wien

Das österreichische Lebensmittelbuch
Codex alimentarius austriacus
II. Auflage

Herausgegeben vom Bundesministerium für soziale Verwaltung, Volksgesundheitsamt, im Einvernehmen mit der Kommission zur Herausgabe des Codex alimentarius austriacus

Früher erschienen u. a.:

XIII. Heft: **Kosmetische Mittel.** 50 Seiten. 1929 .... RM 3.60
XIV.—XVII. Heft: **Honig und Honigsurrogate, Marmeladen und verwandte Erzeugnisse, Fruchtsäfte, Dörrobst.** 79 Seiten. 1929 .... RM 5.70
XVIII.—XIX. Heft: **Eier und Eikonserven, Butter.** 44 Seiten. 1931 .... RM 3.10
XX.—XXIV. Heft: **Gewürze, Die gewöhnlichen eßbaren Pilze oder „Schwämme", Eingelegte eßbare Pilze oder „Schwämme", Frische Gemüse, Dörrgemüse (Trockengemüse).** 170 Seiten. 1931 .... RM 12.—
XXV.—XXVII. Heft: **Kaffee, Kakao und Kakaoerzeugnisse, Konditorwaren und Zuckerwaren.** 53 S. 1931. RM 3.80
XXVIII.—XXXII. Heft: **Kochsalz, Fleischextrakte und ähnliche Präparate, Fische, Lurche und Kriechtiere, Krustentiere und Weichtiere.** 154 Seiten. 1932 .... RM 11.—
XXXIII.—XXXV. Heft: **Spirituosen, Essig, Zuckerarten und deren Ersatzstoffe.** 98 Seiten. 1932 .... RM 6.90
XXXVI.—XXXVIII. Heft: **Mehl- und Mahlprodukte, Hefe.** 36 Seiten. 1932.................................. RM 2.50
XXXIX.—XLI. Heft: **Traubenmost, Wein, Obstwein.** 51 Seiten. 1933....................................... RM 3.60
XLII.—XLIII. Heft: **Käse, Margarinkäse.** 47 Seiten. 1933 RM 3.30

Vor kurzem erschien:

I. Nachtrag (Oktober 1932) mit Ergänzungen und Nachträgen zu den Heften I, II, XI und XII, XIII, XIV bis XVI, XX, XXV, XXIX .. RM —.60

Für den Verkauf innerhalb Österreichs gelten Schillingpreise in der Umrechnung von zurzeit M 1.— gleich S 1.80 (einschl. Warenumsatzsteuer).

Im Oktober 1932 erschien:

I. Nachtrag
zu
DAS ÖSTERREICHISCHE LEBENSMITTELBUCH
CODEX ALIMENTARIUS AUSTRIACUS

II. Auflage

mit Ergänzungen und Nachträgen zu den Heften

I, II, XI und XII, XIII, XIV bis XVI, XX, XXV und XXIX.

Dieser Nachtrag kostet M 0,60 (S 1.—) und ist durch jede Buchhandlung zu beziehen.

Verlag von Julius Springer in Wien I

B. & T. **Butterfarbe**
B. & T. **Käsefarbe**
B. & T. **Labpulver**
B. & T. **Labextrakt**
B. & T. **Käsewachs, weiß, gelb, rot**
B. & T. **Reduktasetabletten**
B. & T. **Roquefort-Schimmelkultur**

BLAUENFELDT & TVEDE, Kopenhagen
die führende dänische Marke!

GENERALVERTRETUNG FÜR ÖSTERREICH:
Milchwirtschaftliche Beratungs- und Betriebsmittelstelle
Ing. Julius Derschatta — Dr. Wilhelm Sattler
Wien VII, Westbahnstraße 5   Telephon B-30-3-92

Josef Fetz / Bregenz

SCHMELZKÄSE-FABRIKATION
Qualitätsprodukte
Schul-Abteilung / Kurse / Expertisen

Größtes österreichisches Spezialgeschäft für
MOLKEREI- UND KÄSEREI-BEDARF
teilweise Eigen-Erzeugung

MILCHW. FACH-VERLAG
PATENT-ABT.: Dr. Mayrhofer Milchfilter

If you have any concerns about our products,
you can contact us on
ProductSafety@springernature.com

In case Publisher is established outside the EU,
the EU authorized representative is:
**Springer Nature Customer Service Center GmbH
Europaplatz 3, 69115 Heidelberg, Germany**

Printed by Libri Plureos GmbH
in Hamburg, Germany